Wissenschaftliche Taschenbücher WTB

Mathematik · Physik

Konrad Kreher

Festkörperphysik

Akademie-Verlag · Berlin

J. H. SANDERS
Die Lichtgeschwindigkeit. Einführung und Originaltexte

JEAN KUNTZMANN
Unendliche Reihen
Mathematische Hilfsmittel der Physik und Chemie
Mit 94 Übungen und 29 Aufgaben

JEAN KUNTZMANN
Systeme von Differentialgleichungen
Mathematische Hilfsmittel der Physik und Chemie
Mit 88 Übungen und 40 Aufgaben

JEAN KUNTZMANN
Komplexe Veränderliche
Mathematische Hilfsmittel der Physik und Chemie
Mit 90 Übungen und 37 Aufgaben

FERDINAND CAP
Einführung in die Plasmaphysik
I. Theoretische Grundlagen

FERDINAND CAP
Einführung in die Plasmaphysik
II. Wellen und Instabilität

FERDINAND CAP
Einführung in die Plasmaphysik
III. Magnetohydrodynamik

J. A. ROSANOW
Wahrscheinlichkeitstheorie

HARRY PFEIFER
Theorie linearer Bauelemente
Elektronik für den Physiker I

HARRY PFEIFER
Die Elektronenröhre
Elektronik für den Physiker II

HARRY PFEIFER
Schaltungen mit Elektronenröhren
Elektronik für den Physiker III

HARRY PFEIFER
Leitungen und Antennen
Elektronik für den Physiker IV

HARRY PFEIFER
Mikrowellenelektronik
Elektronik für den Physiker V

HARRY PFEIFER
Halbleiterelektronik
Elektronik für den Physiker VI

SIEGFRIED HAUPTMANN
Über den Ablauf organisch-chemischer Reaktionen

GERHARD HÜBNER / KLAUS JUNG / ECKART WINKLER
Die Rolle des Wassers in biologischen Systemen

STEPHEN G. BRUSH
Kinetische Theorie, Teil I und II
Einführung und Originaltexte

EBERHARD HOFMANN
Eiweiße und Nucleinsäuren als biologische Makromoleküle
Dynamische Biochemie, Teil I

EBERHARD HOFMANN
Enzyme und energieliefernde Stoffwechselreaktionen
Dynamische Biochemie, Teil II

EBERHARD HOFMANN
Intermediärstoffwechsel
Dynamische Biochemie, Teil III

EBERHARD HOFMANN
Grundlagen der Molekularbiologie
und Regulation des Zellstoffwechsels
Dynamische Biochemie, Teil IV

HERBERT GOERING
Elementare Methoden
zur Lösung von Differentialgleichungsproblemen

PETER KRUMBIEGEL
Isotopieeffekte

D. M. BRINK
Kernkräfte. Einführung und Originaltexte

DIETER ONKEN
Steroide
Zur Chemie und Anwendung

HEINZ GEILER
Ökologie der Land- und Süßwassertiere

ARTHUR P CRACKNELL
Angewandte Gruppentheorie. Einführung und Originaltexte

DIETER KLAUA
Elementare Axiome der Mengenlehre

GÜNTER TEMBROCK
Grundlagen der Tierpsychologie

J. P VINSON
Optische Kohärenz in der klassischen Theorie und in der Quantentheorie

W R. HINDMARSH
Atomspektren. Einführung und Originaltexte

GÜNTER TEMBROCK
Biokommunikation
Informationsübertragung im biologischen Bereich
Teil I und II

ADOLF ZSCHUNKE
Kernmagnetische Resonanzspektroskopie in der organischen Chemie

DIETER MERKEL
Riechstoffe

JOHN CUNNINGHAM
Vektoren

GEORG DAUTCOURT
Relativistische Astrophysik

ERNST SCHMUTZER
Symmetrien und Erhaltungssätze der Physik

MICHAEL GÖSSEL
Angewandte Automatentheorie, Band I
Grundbegriffe

MICHAEL GÖSSEL
Angewandte Automatentheorie, Band II
Lineare Automaten und Schieberegister

HEINRICH KINDLER
Der Regelkreis. Eine Einführung

R. KESSEL
Akustische Kernresonanz

DIETRICH BENDER / ERNST-EGON PIPPIG
Einheiten, Maßsysteme, SI

EBERHARD TEUSCHER
Pharmakognosie, Teil I und II

DIETER KLAUA
Grundbegriffe der axiometrischen Mengenlehre, Teil I und II

JOACHIM NITSCHMANN
Entwicklung bei Mensch und Tier

R. A. R. TRICKER
Frühe Elektrodynamik

KONRAD KREHER
Festkörperphysik

Vorschau auf die nächsten Bände:

DIETER KLAUA
Kardinal- und Ordinalzahlen, Teil I und II

A. A. SMIRNOW
Metallphysik

WTB

BAND 103

Konrad Kreher

Festkörperphysik

Mit 122 Abbildungen

AKADEMIE-VERLAG · BERLIN

Reihe MATHEMATIK UND PHYSIK

Verfasser:
Dr. Konrad Kreher
Karl-Marx-Universität, Leipzig

1973

Herstellung: VEB Druckhaus „Maxim Gorki“, 74 Altenburg
Lizenznummer: 202 · 100/440/73
Bestellnummer: 761 564 3 (7103) LSV 1185
Printed in GDR
12,50

Vorwort

Ziel der Festkörperphysik ist es, die Eigenschaften fester Körper auf deren atomaren Aufbau zurückzuführen, sie aus der Existenz von Elektronen und Atomkernen und den zwischen ihnen wirkenden Kräften verständlich zu machen und zu berechnen. Die dafür erforderlichen Voraussetzungen — der Nachweis der räumlich periodischen Anordnung der atomaren Bausteine und die Quantenmechanik als theoretische Grundlage — sind seit etwa 1920 vorhanden. Seit dieser Zeit hat sich die Festkörperphysik als ein relativ junges Teilgebiet der Physik außerordentlich stark entwickelt. Insbesondere nach dem 2. Weltkrieg erfuhr sie einen gewaltigen Aufschwung, so daß heute schätzungsweise fünfzig Prozent aller Physiker auf diesem Gebiet arbeiten.
Der Anreiz, sich der Festkörperphysik zuzuwenden, liegt darin, daß hier Modellvorstellungen und Meßmethoden dominieren, die großen Raum für eine schöpferische Tätigkeit bieten, obwohl man fest davon überzeugt ist, daß sich prinzipiell alle Eigenschaften von Festkörpern auf der Grundlage der Quantenmechanik deuten und berechnen lassen. Wenn trotzdem eine Vielzahl empirischer Verfahren dominieren, so liegt das daran, daß einerseits ein Vielteilchenproblem vorliegt, dessen quantitative mathematische Bewältigung allein von atomaren Größen ausgehend (von „first principles“) selbst mit modernsten Computern nicht möglich ist, und daß andererseits die Festkörperphysik an der Grenze zwischen Wissenschaft und Technik steht, wobei unter Umständen physikalische Effekte bereits technische Anwendungen finden, ohne daß ihre Grundlagen bis ins Detail geklärt sind.

Im Rahmen des vorliegenden Buches ist keine erschöpfende Darstellung möglich. Auf eine tiefgehende theoretische Fundierung der Probleme, auf experimentelle Einzelheiten und auf technische Anwendungen muß verzichtet werden. Statt dessen werden ohne detaillierte Rechnungen (die in ihrer Kompliziertheit oft die Grundgedanken verdecken) prinzipiell wichtige Leitgedanken entwickelt.

Inhaltsverzeichnis

0. Einleitung

Unter Festkörper soll im folgenden formelastische Materie verstanden werden, deren atomare Bausteine über viele Gitterkonstanten hinweg in ihren Schwingungsschwerpunkten eine zeitlich konstante räumlich periodische Anordnung bilden.

Damit beschränken wir uns auf *kristallisierte Stoffe* und schließen Gläser, Kitte, Gele, Polymere und ähnliche Stoffe ebenso wie die Flüssigkeiten, die keine weitreichende Ordnung in ihrem molekularen Aufbau haben, aus. Molekülkristalle sind nach dieser Begriffsbestimmung Festkörper, werden aber nur gelegentlich erwähnt, da sie zumindest gegenwärtig mehr mit molekülphysikalischen Methoden untersucht werden.

Die physikalischen Eigenschaften der Festkörper sind durch

die chemische Zusammensetzung,

die Symmetrie des Gitters,

die Art der Bindung zwischen den Gitterbausteinen

und durch die Abweichungen von der idealen Anordnung der Bausteine (die sog. Realstruktur)

bestimmt.

Dabei hängen strukturempfindliche Eigenschaften (elastisches Verhalten, spezifische Wärme, Schmelzpunkt, dielektrische und magnetische Eigenschaften u. a.) nicht oder nur sehr wenig von der Realstruktur ab, während strukturempfindliche Eigenschaften (plastisches Verhalten, elektrische Leitfähigkeit, Lumineszenz) vorwiegend durch Gitterstörungen bedingt sind.

Für viele Fragestellungen (Bindung, Wachstum, Realstruktur, mechanische Eigenschaften) ist die strukturelle Betrachtungsweise des Festkörpers als räumlich periodische Anordnung von Gitterbausteinen am zweckmäßigsten. Für andere Fragestellungen (thermisches, spektroskopisches, magnetisches Verhalten, Transportprozesse) ist jedoch die die moderne Entwicklung kennzeichnende Konzeption der „elementaren Anregungszustände" oft weiterführend. Entscheidend für diese Konzeption ist die Tatsache, daß für die makroskopische Eigenschaften nicht die totale Bindungsenergie, sondern die tiefsten angeregten Energiezustände (relativ zum Grundzustand) wichtig sind und diese Zustände fast stets besonders einfach sind. Entweder haben nur sehr wenige Teilchen vom Grundzustand abweichende Lagen (z. B. wenige angeregte Elektronen in einem Isolator) oder aber alle Teilchen weisen nur infinitesimal kleine Abweichungen auf (z. B. bei Gitterschwingungen)[1]. Für beide Fälle gilt: sind gleichzeitig mehrere Zustände angeregt, so tritt praktisch keine Wechselwirkung zwischen ihnen auf, die Energie des Systems ist gleich der Summe der Energie der Einzelanregungen.
Gelingt es, für eine bestimmte Erscheinung Anregungszustände zu finden, die dieser Bedingung der Wechselwirkungsfreiheit wenigstens näherungsweise genügen, also in diesem Sinne elementar sind, so ist damit eine einfache Behandlung der betreffenden Erscheinung möglich. Das makroskopische Verhalten ergibt sich wie bei einem idealen Gas aus statistischen Berechnungen unter Zugrundelegung wechselwirkungsfreier „Quasiteilchen". Dieses Verfahren wird im Kapitel 3.2 am Beispiel der Phononenvorstellung demonstriert und später auf andere Probleme übertragen.

---

[1]) Im ersten Fall spricht man von Quasiteilchen im engeren Sinn, im zweiten auch von kollektiven Anregungen. Die Unterscheidung ist aber nicht streng möglich.

1. Starres Gitter

1.1. *Kristallographische Grundlagen*

1.1.1. *Punktgitter*

Die in diesem Buch ausschließlich betrachteten kristallisierten Stoffe bestehen im Idealfall aus einer dreidimensional periodischen Anordnung identischer Bausteine (Atome, Atomgruppen[1]), Ionen). Ordnet man jedem

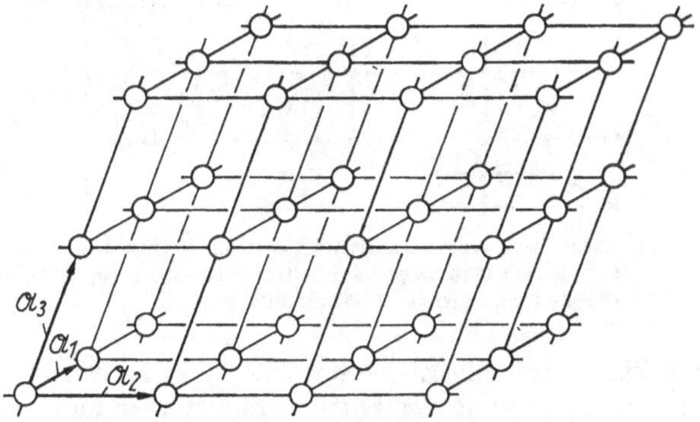

Abb. 1 – 1. Raumgitter mit Grundvektoren $\boldsymbol{a}_1$, $\boldsymbol{a}_2$, $\boldsymbol{a}_3$

Baustein einen Punkt, z. B. den Massenmittelpunkt, zu, so erhält man als Abstraktion ein räumliches Punktgitter (Abb. 1—1). Dieses Raumgitter ist durch die 3 Grundvektoren $\boldsymbol{a}_1$, $\boldsymbol{a}_2$, $\boldsymbol{a}_3$ von einem beliebigen Gitterpunkt zu 3 benachbarten gegeben, d. h. alle Gitterpunkte lassen sich in der Form

$$\boldsymbol{r}_{klm} = k\boldsymbol{a}_1 + l\boldsymbol{a}_2 + m\boldsymbol{a}_3 \qquad (k, l, m, \text{ganzzahlig})$$

---

[1]) Die Bindung innerhalb einer als Gitterbaustein bezeichneten Atomgruppe ist wesentlich stärker als die zu benachbarten Bausteinen, vgl. dazu Abschnitt 1.3.

darstellen. Die 3 Grundvektoren spannen ein Parallelepiped, die Elementarzelle auf. Da man sich den gesamten Kristall durch fortgesetzte Translation einer Elementarzelle erzeugt denken kann, sind seine Eigenschaften (bis auf Störungen, z. B. durch Oberflächen) durch die Eigenschaften der Elementarzelle bestimmt.

Als Elementarzellen kann man wählen

a) die primitive Elementarzelle, die nur an den Ecken Gitterpunkte enthält. Sie hat das kleinste Volumen, ist jedoch nicht eindeutig bestimmt (vgl. Abb. 1–2).

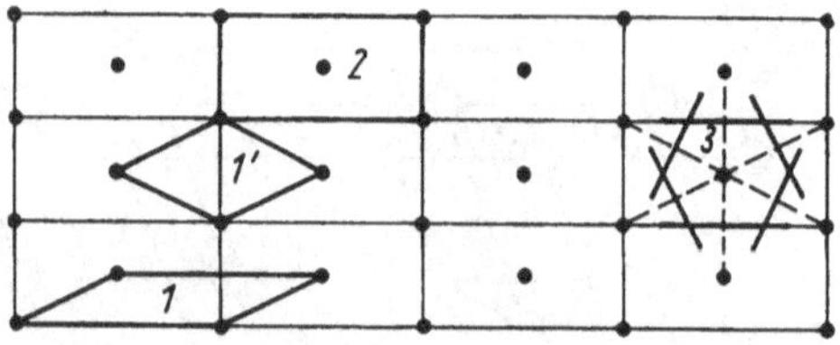

Abb. 1–2. Ebenes rechtwinklig-zentriertes Gitter mit verschiedenen Elementarzellen (1,1': 2 mögliche primitive Elementarzellen 2 konventionelle Elementarzelle 3: WIGNER-SEITZ-Zelle)

b) die konventionelle Elementarzelle, die die charakteristische Symmetrie des Gitters unmittelbar zum Ausdruck bringt, aber häufig mehrere Gitterpunkte enthält.

c) die WIGNER-SEITZ-Zelle, die nur einen Gitterpunkt enthält, aber trotzdem die Symmetrie des Gitters zum Ausdruck bringt. Man erhält sie, indem man von einem Gitterpunkt aus die Verbindungsgeraden zu benachbarten Gitterpunkten durch Normalebenen halbiert. Das von diesen Ebenen umschlossene kleinste Volumen ist die (im allg. vielflächig begrenzte) WIGNER-SEITZ-Zelle.

Außer der Translationssymmetrie haben Raumgitter auch eine bestimmte Punktsymmetrie, d. h. sie gehen bei bestimmten Drehungen bzw. Spieglungen in sich über.

Bei Kristallen gehören dazu 2-, 3-, 4- und 6zählige Drehungen[1]) (d. h. Drehungen um 180°, 120°, 90° und 60°), Spieglungen und Drehspieglungen (Kombination von Drehung und Spieglung an einer zur Drehachse senkrechten Ebene). Diese Elemente können zu insgesamt 32 kristallographischen Punktgruppen kombiniert werden.

Die Punktsymmetrie dient zur Klassifizierung der Raumgitter, indem man festlegt, daß alle Raumgitter gleicher Punktsymmetrie zu einem Kristallsystem gehören. Man erhält so 7 Kristallsysteme, die durch bestimmte Achsenlagen (Abb. 1—3) charakterisiert sind.

Der jeweiligen Punktsymmetrie entsprechend wählt man die konventionellen Elementarzellen. Liegen dabei die kürzesten Translationsvektoren parallel zu den Achsen, so stimmen konventionelle und primitive Elementarzellen überein. Liegen sie schief dazu, erhält man flächen- oder raumzentrierte Elementarzellen. Insgesamt findet man 14 wesentlich verschiedene Elementarzellen, die 14 Bravais-Gittern entsprechen und sich in der in Abb. 1—4 angegebenen Weise auf die 7 Kristallsysteme verteilen.

In dem durch das Kristallsystem festgelegten Achsensystem wählt man als Längeneinheiten die Kanten der Elementarzelle. Dann ist die *Lage jedes Punktes* durch 3 reine Zahlen[2]) gegeben. Das Tripel 1/2, 1/2, 1 bedeutet z. B. die obere Flächenmitte der Elementarzelle mit den Koordinaten a/2, b/2, c.

Eine *Richtung* im Kristall ist durch 2 Punkte gegeben. Im allgemeinen ist einer davon der Ursprung 0, 0, 0. Man braucht dann nur den zweiten anzugeben und setzt dessen Koordinaten in eckige Klammern. [1 1 $\bar{1}$] bedeutet also z. B. eine Raumdiagonalenrichtung der Elementarzelle

[1]) Andere Drehungen sind mit der Translationssymmetrie nicht verträglich. Dies entspricht der Tatsache, daß man eine Ebene nur mit Rechtecken und regelmäßigen 3-, 4- und 6-Ecken lückenlos überdecken kann.

[2]) Im hexagonalen System häufig durch 4 Zahlen entsprechend den 3 gleichberechtigten Achsen senkrecht zur hexagonalen Achse, wobei die ersten 3 Zahlen dann nicht unabhängig voneinander sind.

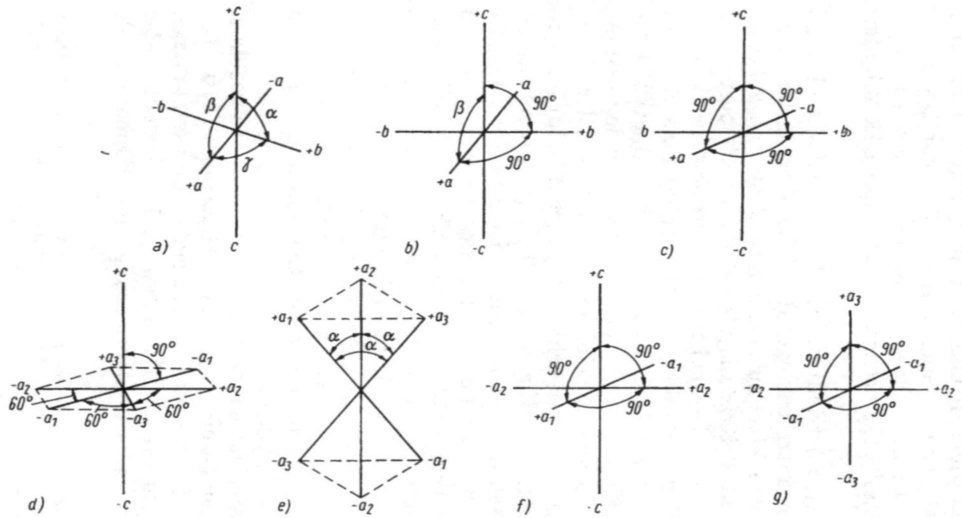

Abb. 1 – 3. **Kristallographische Achsensysteme (Kristallsysteme).**

a) triklin, b) monoklin $\alpha = \gamma = 90°$, $\beta \neq 90°$, c) (ortho)rhombisch $\alpha = \beta = \gamma = 90°$, d) hexagonal $a_1 = a_2 = a_3$, e) rhomboedrisch $a_1 = a_2 = a_3$, $\alpha = \beta = \gamma \neq 90°$, f) tetragonal $a_1 = a_2 \neq c$, $\alpha = \beta = \gamma = 90°$, g) kubisch $a_1 = a_2 = a_3$ $\alpha = \beta = \gamma = 90°$

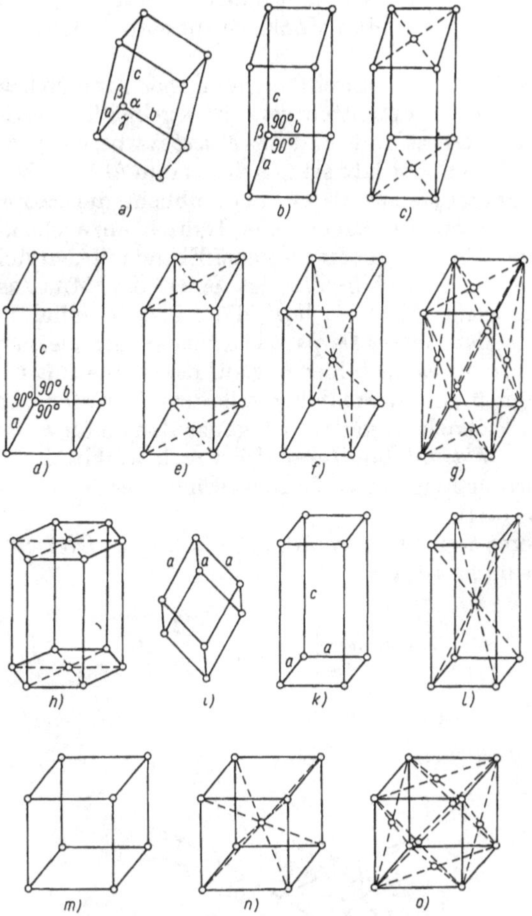

Abb. 1 – 4. Die 14 Bravais-Gitter. a) triklin, b) monoklin primitiv, c) monoklin flächenzentriert, d) rhombisch primitiv, e) rhombisch basisflächenzentriert, f) rhombisch innenzentriert, g) rhombisch allseitig flächenzentriert, h) hexagonal, i) rhomboedrisch, k) tetragonal primitiv l) tetragonal innenzentriert, m) kubisch primitiv, n) kubisch innenzentriert (raumzentriert), o) kubisch flächenzentriert

[$\bar{1}$ steht fur -1). Es kommt dabei nur auf das Verhältnis der 3 Zahlen an. Man wählt sie meist teilerfremd ganzzahlig.

Jede Ebene, die durch 3 nicht in einer Geraden liegende Punkte eines Raumgitters geht, ist regelmäßig mit Gitterpunkten besetzt und wird als *Netzebene* bezeichnet. Wie jede andere Ebene läßt sie sich durch ihre Achsenabschnitte charakterisieren. Es ist aber üblich, die reziproken Werte davon als MILLERsche Indizes anzugeben. Das Symbol $(h\,k\,l)$ bedeutet also eine Ebene mit den Achsenabschnitten a/h, b/k, c/l. Ist einer der MILLERschen Indizes gleich Null, so liegt die Ebene parallel zu der betreffenden Achse. Da parallele Netzebenen gleichwertig sind, kommt es auch hier nur auf das Verhältnis $h : k : l$ an. Man multipliziert daher mit dem kleinsten gemeinsamen Vielfachen, so daß sich ganze Zahlen für h, k und l ergeben. h/a, k/b und l/c sind bei rechtwinkligen Gittern proportional zu den Richtungskosinus der Normalen der Fläche (hkl).

Letzteres ergibt sich aus Abb. 1–5. Da das Dreieck ANO rechtwinklig ist, gilt

$$\cos(n, a) = \frac{d}{a/h} = \frac{d}{a} \cdot h$$

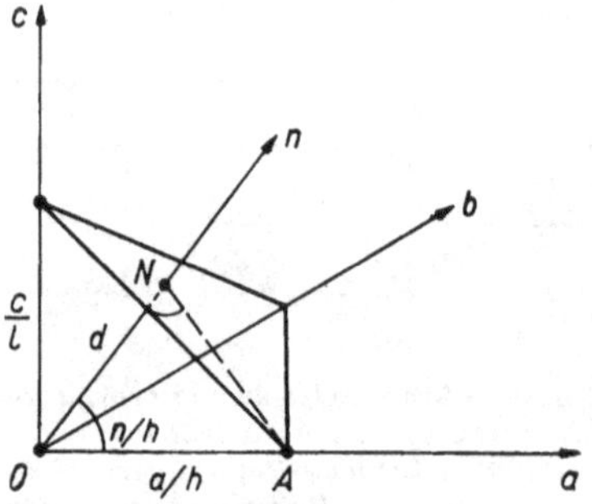

Abb. 1–5. Zum Zusammenhang zwischen MILLERschen Indizes h, k, l und den Richtungskosinus der Flächennormalen n

und analog

$$\cos(n, b) = \frac{d}{b/k} = \frac{d}{b} \cdot k, \quad \cos(n, c) = \frac{d}{c/l} = \frac{d}{c} \cdot l.$$

Quadriert und addiert man diese drei Gleichungen, so erhält man, da die Summe der Quadrate der Richtungskosinus gleich 1 ist, den Netzebenenabstand zu

$$d_{hkl} = \frac{1}{\sqrt{\left(\frac{a}{h}\right)^2 + \left(\frac{b}{k}\right)^2 + \left(\frac{c}{l}\right)^2}}.$$

1.1.2. Kristallgitter

Die meisten Gitter sind keine Punktgitter, sondern an jedem Punkt des Raumgitters befindet sich eine Atomgruppe. Man spricht dann von einem Gitter mit Basis, das man auch als mehrere ineinandergestellte Punktgitter auffassen kann.

Weicht die Symmetrie der Basis von der des Punktgitters ab, so kann die Kristallsymmetrie niedriger als die des zugehörigen Raumgitters sein. Außerdem treten jedoch u. U. neuartige Symmetrieelemente auf, die bei Punktgittern nicht vorkommen: Schraubachsen und Gleitspiegelebenen.

Eine Schraubung (Abb. 1–6a) entsteht durch Kombination einer Drehung mit einer Translation um weniger als eine Gitterperiode in Achsenrichtung. Die Gleitspiegelung (Abb. 1–6b) setzt sich aus Spieglung und Translation um eine halbe Gitterkonstante parallel zur Spiegelebene zusammen.

Bildet man alle möglichen Kombinationen von kristallographischen Symmetrieelementen, so erhält man 230 sog. Raumgruppen, in die sich alle Kristalle einteilen lassen (abgesehen von magnetischen Strukturen).

Makroskopisch lassen sich Schraubungen bzw. Gleitspieglungen von reinen Drehungen bzw. Spieglungen nicht unterscheiden. Sieht man daher von der atomaren

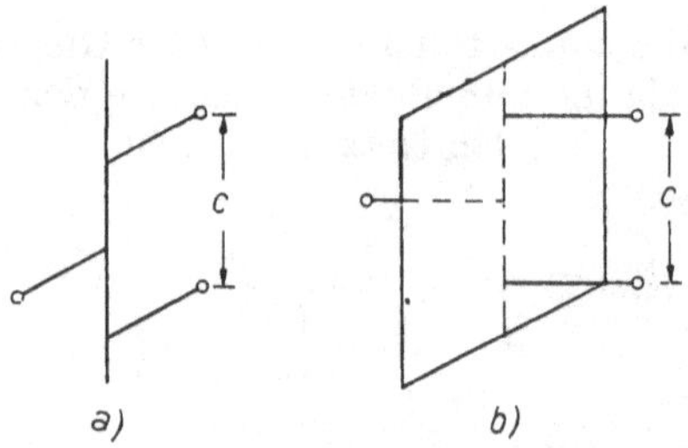

Abb. 1 – 6. Schema einer a) zweizähligen Schraubachse (zugehörige Translation c/2) b) Gleitspiegelebene (zugehörige Translation c/2)

Translation ab, so läßt sich jeder Kristall einer der 32 Punktgruppen zuordnen, die man als seine Kristallklasse bezeichnet. Zu einer Kristallklasse gehören im allgemeinen mehrere Raumgruppen. Eine zur Kristallklasse gehörige Drehachse kann dabei im Kristall selbst in Wirklichkeit eine Schraubachse sein.

1.2. Beugung von Strahlung an Kristallgittern

Der Beweis für die Gitterstruktur der Kristalle und die experimentelle Bestimmung der Atomlagen im Gitter konnte erst geführt werden, als Beugungsexperimente mit genügend kurzwelliger Strahlung (Wellenlänge λ in der Größenordnung der Gitterkonstanten) möglich waren. Dies gelang erstmals unter Verwendung von Röntgenstrahlen 1912. In zunehmendem Maße spielt jedoch auch die Beugung von Korpuskularstrahlen (Elektronen, Neutronen, Protonen) eine wichtige Rolle in der Festkörperphysik.

1.2.1. Beugung von Röntgenstrahlen

Treffen Röntgenstrahlen auf ein Kristallgitter, so wird jeder Baustein zum Ausgangspunkt einer Elementarwelle und infolge der Interferenz dieser Wellen entsteht ein charakteristisches Beugungsbild.

Fur die Beugung eines parallelen Bundels an einer Punktreihe ergibt sich fur den Gangunterschied benachbarter Strahlen (Abb. 1–7)

$$P_0 P_1' - P_0' P_1 = a(\cos \bar{\varphi} - \cos \varphi).$$

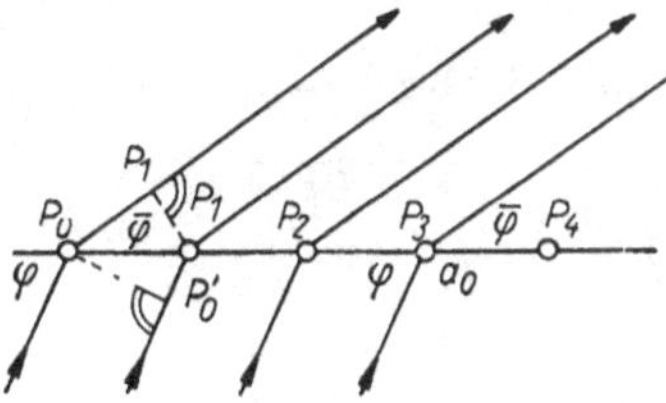

Abb. 1–7. Beugung an einer Punktreihe

Die Intensität der gebeugten Strahlen erreicht ein Maximum, wenn dieser Gangunterschied gleich einem Vielfachen der Wellenlänge wird, d. h. bei

$$a(\cos \bar{\varphi} - \cos \varphi) = p \cdot \lambda.$$

Analog gelten für ein dreidimensionales Gitter die 3 Laue-Gleichungen

$$(\cos \bar{\varphi}_a - \cos \varphi_a) = p \cdot \lambda/a,$$
$$(\cos \bar{\varphi}_b - \cos \varphi_b) = q \cdot \lambda/b,$$
$$(\cos \bar{\varphi}_c - \cos \varphi_c) = r \cdot \lambda/c.$$

(φ_a, φ_b, φ_c sind die Winkel zwischen dem Primärstrahl und den Kristallachsen, $\bar{\varphi}_a$, $\bar{\varphi}_b$, $\bar{\varphi}_c$ die des gebeugten Strahls, a, b, c die 3 Gitterkonstanten, p, q, r ganze Zahlen.)

Für ein rechtwinkliges Gitter sind die cos-Werte mit den Richtungskosinus der Strahlrichtung identisch, daher gilt

$$\cos^2 \varphi_a + \cos^2 \varphi_b + \cos^2 \varphi_c = 1 \quad (\text{desgl. für die } \bar{\varphi}_i),$$

$$\cos \varphi_a \cos \bar{\varphi}_a + \cos \varphi_b \cos \bar{\varphi}_b + \cos \varphi_c \cos \bar{\varphi}_c = \cos 2\vartheta$$

(2ϑ = Winkel zwischen Primärstrahl und gebeugtem Strahl).

Quadriert und addiert man die 3 LAUE-Gleichungen, so erhält man

$$2 - 2\cos 2\vartheta = 4\sin^2\vartheta = \lambda^2 \left\{\left(\frac{p}{a}\right)^2 + \left(\frac{q}{b}\right)^2 + \left(\frac{r}{c}\right)^2\right\}.$$

Vergleicht man nun mit dem Netzebenenabstand

$$d_{hkl} = 1 \Big/ \sqrt{\left(\frac{h}{a}\right)^2 + \left(\frac{k}{b}\right)^2 + \left(\frac{l}{c}\right)^2} \quad \text{(s. Abschn. 1.1.1.)},$$

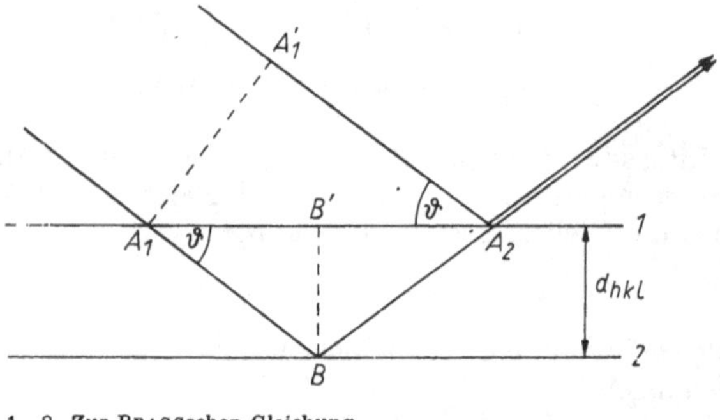

Abb. 1–8. Zur BRAGGschen Gleichung

Damit sich die an den beiden Ebenen 1 und 2 reflektierten Strahlen verstärken, muß ihre Wegdifferenz $A_1B + BA_2 - A_1'A_2$ ein ganzzahliges Vielfaches der Wellenlänge λ sein.
Aus geometrischen Überlegungen folgt

$$A_1B = BA_2 = \frac{d}{\sin\vartheta} \quad \text{und} \quad A_1'A_2 = \frac{2d}{\tan\vartheta}\cos\vartheta = 2d\,\frac{\cos^2\vartheta}{\sin\vartheta}.$$

Damit wird $A_1B + BA_2 - A_1'A_2 = \dfrac{2d}{\sin\vartheta} - \dfrac{2d\cos^2\vartheta}{\sin\vartheta} = 2d\sin\vartheta = n\lambda.$

so kann man dies auch in der Form

$$2\,d_{hkl}\sin\vartheta = n\cdot\lambda \qquad \text{(Braggsche Gleichung)}$$

schreiben.[1])

Diese Schreibweise gestattet es, die Röntgenstrahlbeugung auch als Reflexion an einer Netzebenenschar

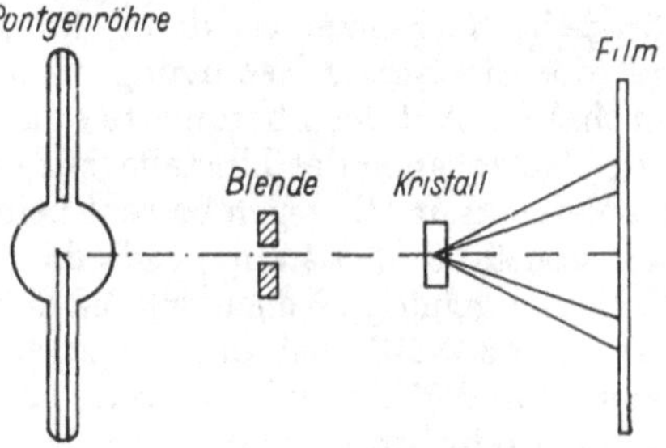

Abb. 1 – 9a

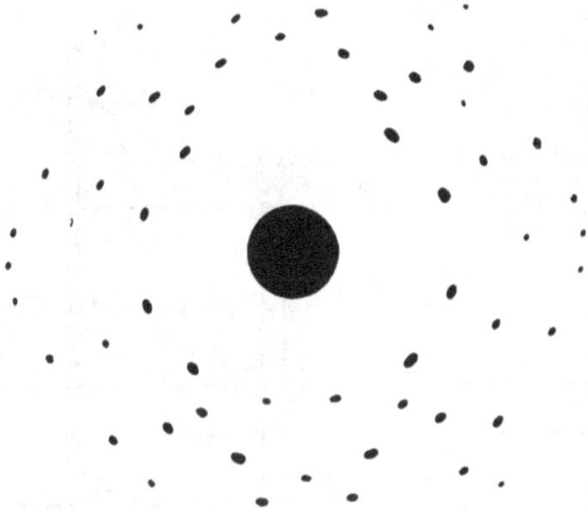

Abb. 1 – 9b.

Abb. 1 – 9. a) Anordnung beim LAUE-Verfahren
b) LAUE-Diagramm von Aragonit (Durchstrahlung senkrecht zur (001)-Fläche, Wolframstrahlung)

---

[1]) Die BRAGGsche Gleichung gilt auch für nichtrechtwinklige Gitter, d_{hkl} hat dann aber eine sehr komplizierte Form.

aufzufassen (vgl. Abb. 1—8), was für die Anschauung oft von Vorteil ist.

Experimentell läßt sich die BRAGGsche Gleichung bei festem ϑ durch Variation von λ, bei festem λ durch Variation von ϑ erfüllen.

Der ersten Möglichkeit entspricht das LAUE-Verfahren (Abb. 1—9). Der feststehende Einkristall wird dabei mit dem „weißen" Röntgenlicht eines Bremsspektrums durchstrahlt. Für jede Netzebene ist dann die „passende" Wellenlänge (die 'die BRAGG-Bedingung erfüllt) im Primärstrahl enthalten. Auf der Photoplatte erhält man eine Projektion der Netzebenen des Kristalls, aus der man die Symmetrie ablesen kann. Dagegen besteht keine Möglichkeit der Gitterkonstantenbestimmung, da die zu einer bestimmten Reflexion gehörige Wellenlänge nicht bekannt ist.

Die Variation von ϑ läßt sich durch Drehen eines Einkristalls oder durch Verwendung von Kristallpulver erreichen. Beim Drehkristallverfahren (Abb. 1—10) kom-

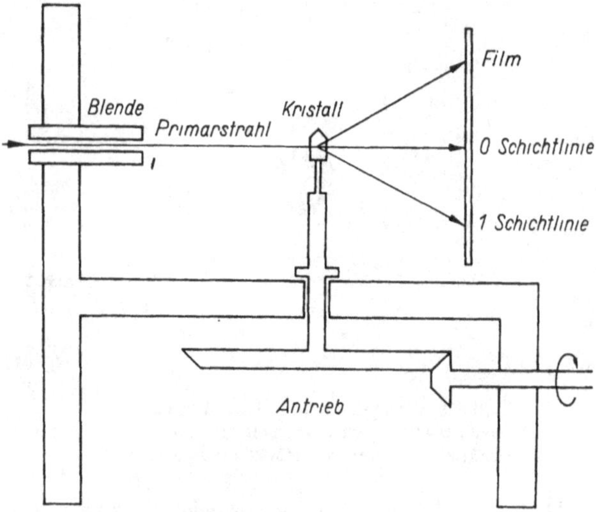

Abb. 1—10. a) Schema des Drehkristall-Verfahrens

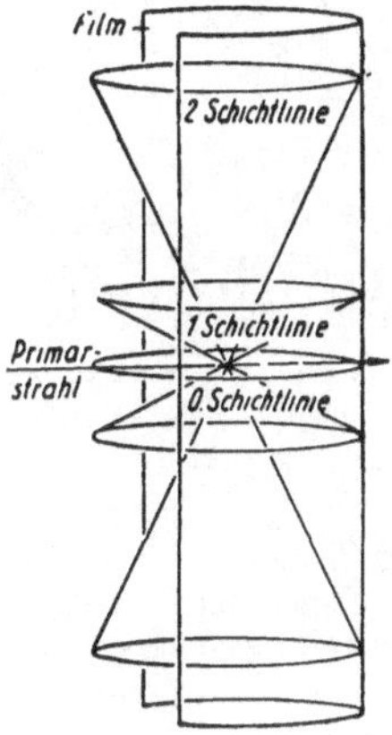

Abb. 1 – 10. b) Beugungskegel, die der reflektierte Strahl beim Drehen des Kristalls beschreibt

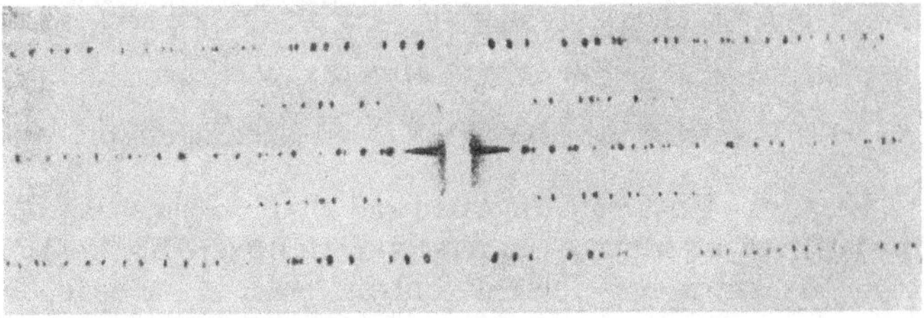

Abb. 1 – 10. c) Drehkristallaufnahme von Gips (Durchstrahlung parallel zur c-Achse)

men nacheinander verschiedene Netzebenen in Reflexionsstellung, wobei die parallel zur Drehachse liegenden Netzebenen Reflexe in der sog. 0. Schichtlinie, schräg zur Drehachse liegende Netzebenen Reflexe in höheren Schichtlinien auf dem zylindrisch um den Kristall angeordneten Film ergeben. Aus Drehkristallaufnahmen oder mittels weiterentwickelter Verfahren (Weissenberg, Schiebold-Sauter), bei denen eine mechanisch mit der Kristalldrehung gekoppelte Filmbewegung die Auswertung erleichtert, können die Gitterkonstanten des Kristalls ermittelt werden.

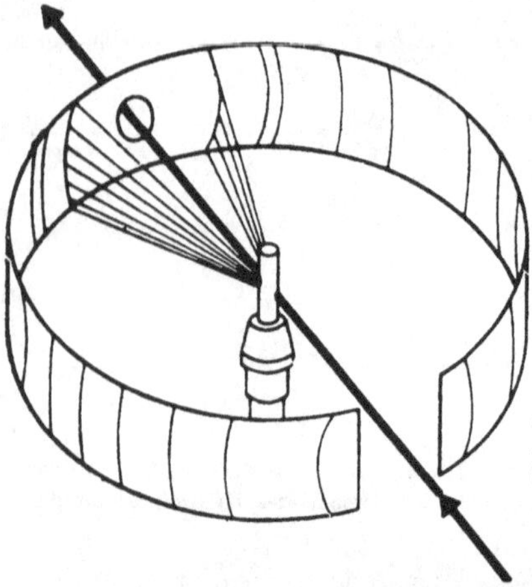

Abb. 1–11. a) Schema des DEBYE-SCHERRER-Verfahrens
b) Pulverdiagramm von TlBr

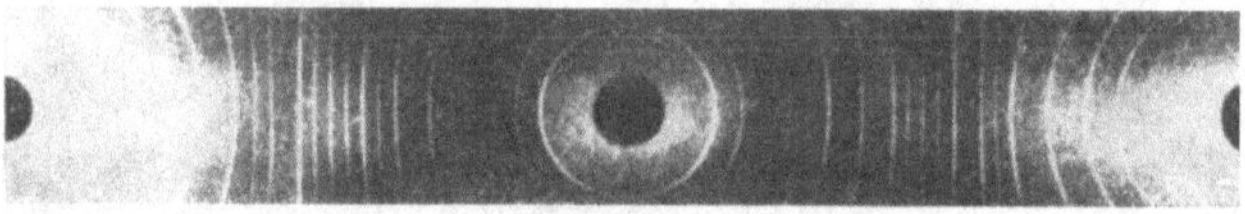

b

Liegt das Untersuchungsmaterial als Pulver vor, so benutzt man das DEBYE-SCHERRER-Verfahren (Abb. 1–11). Da bei genügend feinem Pulver jede Netzebene in allen möglichen Orientierungen vorliegt, liegen alle Reflexe auf koaxialen Kreiskegeln um den Primärstrahl. Auch hier legt man den Film konzentrisch um den Kristall und erhält charakteristische DEBYE-SCHERRER-Diagramme, aus denen man zumindest bei kubischen und tetragonalen Kristallen die Gitterkonstante ermitteln kann.

1.2.2. Beugung von Korpuskularstrahlung

Jeder Korpuskularstrahlung von Teilchen der Masse m und der Geschwindigkeit v entspricht eine Wellenlänge $\lambda = h/p = h/m \cdot v$, so daß man auch mit Elektronen und Neutronen Beugung an Kristallen durchführen kann.

Wegen der unterschiedlichen Masse entsprechen einer Wellenlänge von 1 Å die in Tabelle 1 angegebenen Energie- und Geschwindigkeitswerte.

Tabelle 1–1

	Röntgenstrahlung	Elektronen	Neutronen
Masse	0	$9{,}1 \cdot 10^{-28}$ g	$1{,}67 \cdot 10^{-24}$ g
Energie	12,3 keV	150 eV	0,085 eV
Geschwindigkeit	$3 \cdot 10^{10}$ cm/s	$7{,}4 \cdot 10^{8}$ cm/s	$4{,}0 \cdot 10^{5}$ cm/s

Darüber hinaus ist der Streumechanismus für Röntgenstrahlen, Elektronen und Neutronen grundlegend verschieden.
Die Wechselwirkung der Röntgenstrahlung erfolgt mit den Elektronen der Gitterbausteine und ist relativ schwach, so daß verhältnismäßig große Kristalle (bis 1 mm Dicke) durchstrahlt werden können. Die Intensität der gebeugten Strahlen ist proportional zum Quadrat der Zahl der streuenden Elektronen eines Atoms, also proportional zum Quadrat der Ordnungszahl, so daß leichte Elemente praktisch nicht zum Beugungsbild beitragen.

Die Wechselwirkung von Elektronenstrahlen erfolgt vorwiegend mit den Atomkernen und ist mehrere Größenordnungen stärker als die der Röntgenstrahlen. Die Eindringtiefe nimmt mit wachsender Energie stark zu, erreicht aber z. B. bei 50 keV erst Werte von etwa 500 Å. Elektronenbeugung wird daher vorwiegend für Strukturuntersuchungen dünner Schichten und für die Untersuchung von Oberflächen eingesetzt. Im letzteren Fall verwendet man Elektronen geringer Energie (ca. 100 eV) und spricht daher von LEED („low energy electron difraction").

Neutronen passender Wellenlänge haben Energien und Geschwindigkeiten, die mit denen von Gasmolekülen bei

Zimmertemperatur vergleichbar sind. Intensive Strahlen dieser sog. thermischen Neutronen können mit Kernreaktoren erzeugt werden. Ihre Wechselwirkung erfolgt ebenfalls mit den Atomkernen, sie variiert sehr stark von Element zu Element (auch von Isotop zu Isotop) und hängt vom Spin der streuenden Kerne ab. Dementsprechend werden Neutronenbeugungsuntersuchungen für folgende Zwecke benutzt:

1. Zur Strukturbestimmung von Materialien, die leichte Elemente, insbesondere Wasserstoff, enthalten. Beispielsweise wurde die Struktur von Eis auf diese Weise ermittelt.
2. Zur Ermittlung magnetischer Strukturen, da die Streuung von der relativen Lage von Bahn- und Spindrehimpuls des streuenden Kerns zum Spin des Neutrons abhängt.
3. Zur Untersuchung von Legierungen nahe benachbarter Elemente (z. B. Fe—Co-Legierungen). Röntgenstrahlen werden von beiden Elementen nahezu gleich stark gestreut, so daß keine Aufschlüsse über die Struktur zu erhalten sind.

Neben der bisher behandelten elastischen ist bei Neutronen auch die unelastische Streuung von Bedeutung[1]). Sie wird im Zusammenhang mit Gitterschwingungen im Abschnitt 3.5 behandelt.

In neuester Zeit werden auch hochenergetische Protonenstrahlen (Energien im MeV-Bereich) zur Strukturuntersuchung herangezogen. Die entsprechende Wellenlänge ist etwa um den Faktor 1000 kleiner als die Gitterkonstante. Man erhält daher keine Beugungsbilder, sondern Schattenbilder des Kristallgitters. Diese Meßmethode dürfte insbesondere für die Untersuchung von Gitterstörungen an Bedeutung gewinnen.

---

[1]) Bei der Beugung von Röntgenstrahlen und Elektronen ist die Energieübertragung auf die Gitterbausteine zu vernachlässigen, da der Massenunterschied der Stoßpartner sehr groß ist.

1.3. Bindung im Festkörper

Der Zusammenhalt der Gitterbausteine im Festkörper wird durch die gleichen Kräfte bewirkt, die auch die Molekülbindung verursachen. Grenztypen sind die Ionenbindung (heteropolare Bindung), die kovalente Bindung (homöopolare Bindung) und die metallische Bindung. Tatsächlich liegen aber meist Übergänge zwischen diesen Typen vor.

Die *Ionenbindung* hat ihre Ursache in der besonders hohen Stabilität abgeschlossener Elektronenschalen. Beim Cl-Atom mit der Elektronenkonfiguration $1s^2 2s^2 2p^6 3s^2 3p^5$ z. B. fehlt zum Abschluß der äußersten Schale ein Elektron. Steht dieses zur Verfügung, so entsteht unter Energiegewinn (dessen Größe als Elektronenaffinität bezeichnet wird) ein negativ geladenes Cl-Ion mit der Edelgaskonfiguration $1s^2 2s^2 2p^6 3s^2 3p^6$. Das Elektron kann von leicht ionisierbaren Atomen, z. B. von Na mit der Elektronenkonfiguration $1s^2 2s^2 2p^6 3s$, abgegeben werden, die dadurch in positive Ionen übergehen.

Die entstandenen Ionen ziehen sich an, wobei ein Gewinn an elektrostatischer Energie auftritt, bis sich die Elektronenhüllen zu überlappen beginnen. Die potentielle Energie U der Ionen als Funktion ihres Abstandes r ergibt sich zu

$$U = -N\alpha \frac{z^2 e^2}{4\pi \varepsilon_0 r} + \frac{B}{r^n} \qquad \text{(vgl. Abb. 1–12)}$$

(N = Zahl der Ionen im Kristall, z = Ladungszahl, e = Elementarladung). α ist die sog. MADELUNGsche Konstante, die vom Gittertyp abhängt. Das Glied B/r^n ($n > 1$) beschreibt die kurzreichweitige Abstoßungskraft, die aus der Überlappung der Elektronenhüllen resultiert, B und n sind Konstanten, die experimentell aus der Gitterkonstante und der Kompressibilität ermittelt werden. Die aus obiger Gleichung berechnete Bindungsenergie U_B stimmt für typische Ionenverbindungen (NaCl, CsCl, CaF_2) gut mit experimentellen Daten überein.

Bei der *kovalenten Bindung* wird die Anziehung der Atome durch gemeinsame Elektronenpaare verursacht. Diese Erscheinung ist nur quantenmechanisch verständlich, ausführliche Rechnungen liegen insbesondere für das

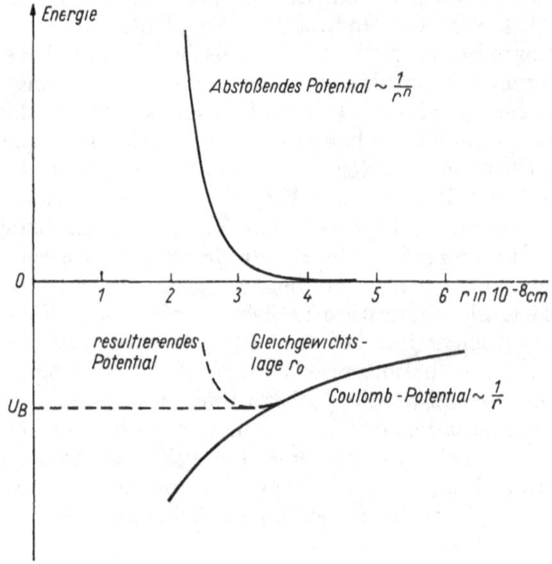

Abb. 1—12. Potentielle Energie eines Ionenkristalls als Funktion des Abstandes nächster Nachbarn

H_2-Molekül vor. Als Ergebnis erhält man die Kurven von Abb. 1—13: Bindung tritt ein, wenn die Elektronenspins antiparallel angeordnet sind und sich die Ortsaufenthaltswahrscheinlichkeiten der Elektronen der Einzelatome maximal überlappen (chemische Ausdrucksweise: die Bindung wird durch ein Elektronenpaar, d. h. durch 2 Elektronen mit antiparallelem Spin vermittelt). Die Wertigkeit eines Atoms ist daher bei kovalenter Bindung durch die Zahl der Elektronen mit ungepaartem Spin gegeben.

Je nach dem Zustand (Orbital), in dem sich diese Elektronen im Atom befinden, sind die in Abb. 1–14 schematisch dargestellten Bindungstypen möglich. Beispielsweise stehen beim Sauerstoffatom mit der Elektronenkonfiguration $1s^2 2s^2 2p^4$ nach der HUNDschen Regel zwei $2p$-Elektronen als Valenzelektronen zur Verfügung. Da die zugehörigen Orbitale senkrecht aufeinanderstehen, ergibt sich daraus zwangslos die gewinkelte Form der H_2O-Molekel. Die Atome der 4. Gruppe des Periodischen Systems mit der äußeren Schale ns^2np^2 (n = 1: Kohlenstoff, n = 2:

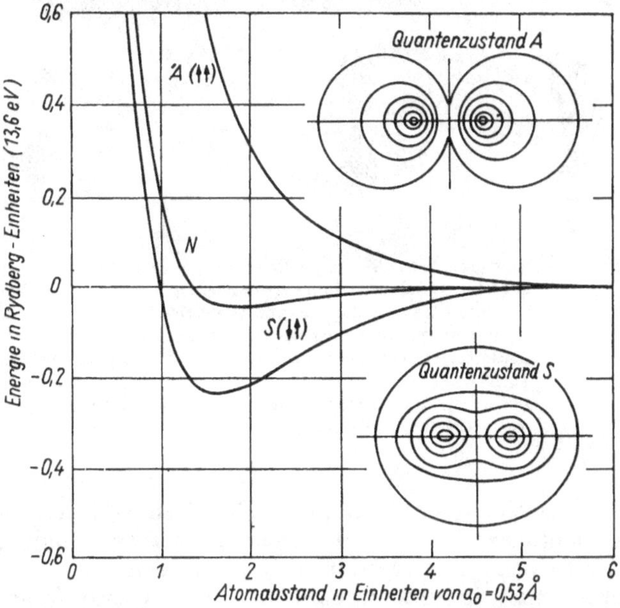

Abb. 1–13. Energie des Wasserstoffmoleküls (H_2), bezogen auf freie neutrale Atome. Die Kurve *N* ist das Ergebnis einer klassischen Rechnung. *A* zeigt das Ergebnis unter Berücksichtigung des PAULI-Prinzips für parallele Elektronenspins und *S* (der stabile Zustand) das für antiparallele Spins. Die Ladungsdichten der Zustände *A* und *S* sind zusätzlich durch Höhenlinien angegeben.

Silizium, n = 3: Germanium) sollten demzufolge auch zweiwertig sein, sind aber vierwertig. Offenbar erfolgt hier von der Bindung ein „Anheben“ eines der s-Elektronen in einen p-Zustand, so daß die „vierwertige“

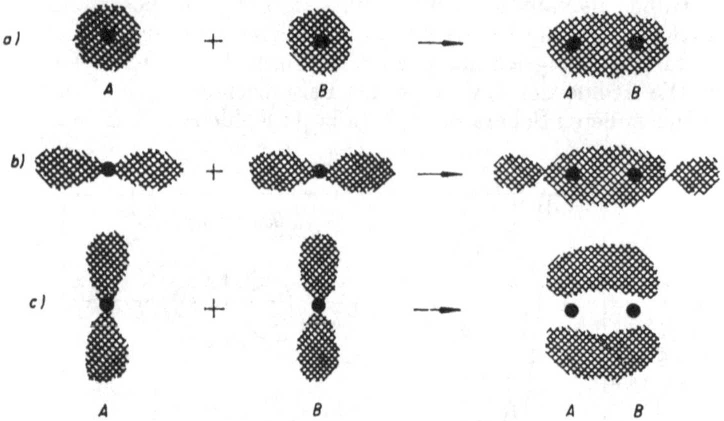

Abb. 1 – 14. Atomorbitale (A, B) und die daraus resultierenden Bindungstypen. a) $s - s - \sigma$ -Bindung, b) $p - p - \sigma$ -Bindung, c) $p - p\ \pi$ -Bindung Im Unterschied zu der bez. der Kernverbindungslinie rotationssymmetrischen σ-Bindung ist die π-Bindung nur spiegelsymmetrisch bez. dieser Linie und behindert infolgedessen die freie Drehbarkeit.
Die schraffierten Bereiche sind die Orte hoher Aufenthaltswahrscheinlichkeit der Elektronen.

Konfiguration ns np³ entsteht. Die dazu erforderliche „Promotionsenergie“ wird durch den bei der Bindung eintretenden Energiegewinn wieder wettgemacht.
Ferner tritt in diesem Falle eine als Hybridisierung bezeichnete Mischung der Zustände ein, die zu 4 vollständig gleichartigen sog. sp³-Hybrid-Orbitalen führt, deren maximale Aufenthaltswahrscheinlichkeiten nach den 4 Ecken eines Tetraeders gerichtet sind (Abb. 1—15a) und die 4 σ-Bindungen ermöglichen. In anderen Fällen

tritt ebenso wie bei den Elementen der 3. Gruppe des Periodischen Systems eine sp^3-Hybridisierung auf, die zu drei gleichartigen sp^2-Hybrid-Orbitalen führt (Abb. 1—15b), die nach den Ecken eines gleichseitigen Dreiecks gerichtet sind. Das verbleibende p-Orbital steht dann senkrecht auf dieser Ebene und ermöglicht eine π-Bindung.

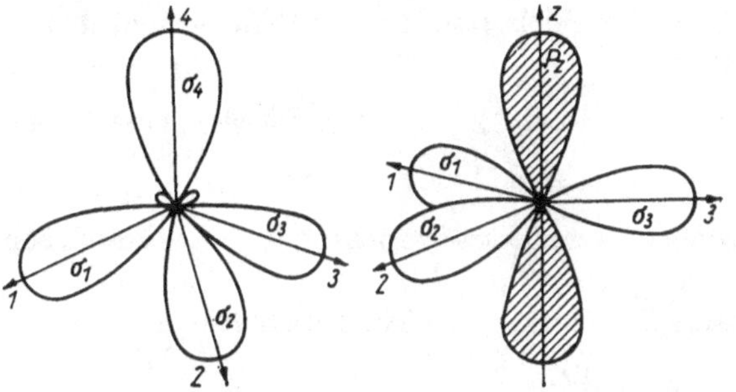

Abb. 1—15. Atomorbitale des Kohlenstoffs im Valenzzustand.
a) sp^3-Hybrid, der zu tetraedrischer Bindung führt,
b) sp^2-Hybrid, der zu trigonaler Bindung führt

Die *metallische Bindung* läßt sich genau durch quantenmechanische Rechnungen verständlich machen, denen das Bändermodell (vgl. Abschnitt 5) zugrunde liegt. Zu einer anschaulichen Vorstellung gelangt man, wenn man sich eine kovalente Bindung vorstellt, die vollständig auf alle Bindungspartner verteilt (delokalisiert) ist. Dem entspricht die freie Beweglichkeit der für die Bindung verantwortlichen Elektronen, die für die metallischen Eigenschaften (gute elektrische und thermische Leitfähigkeit, Glanz) verantwortlich sind.

Die genannten 3 *Valenzkräfte* (Hauptvalenzkräfte) sind stark, die Bindungsenergien liegen in der Größenordnung von 100 kcal/Mol entsprechend 4,3 eV/Bindung, sind also groß gegen die mittlere thermische Energie von $kT = 0{,}025$ eV bei Zimmertemperatur.

Außerdem existieren noch schwächere anziehende *Molekularkräfte* (Nebenvalenzkräfte, VAN-DER-WAALS-

Kräfte), die ihre Ursache in der Wechselwirkung von permanenten oder wechselseitig induzierten Dipolmomenten haben (vgl. Abb. 1–16). Die Bindungsenergien liegen hierbei in der Größenordnug von 1 kcal/Mol entsprechend 0,042 eV/Bindung, sind also vergleichbar mit der thermischen Energie bei Zimmertemperatur. Sie führen daher erst bei tiefen Temperaturen zu stabiler Bindung. Insgesamt ergeben sich also 4 wesentlich verschiedene Bindungskräfte:

heteropolare:	stark	– nicht gerichtet	– absättigbar (im Sinn der Neutralität)
homöopolar:	stark	– gerichtet	– absättigbar
metallisch:	stark	– nicht gerichtet	– nicht absättigbar
Molekularkräfte:	schwach	– nicht gerichtet	– nicht absättigbar

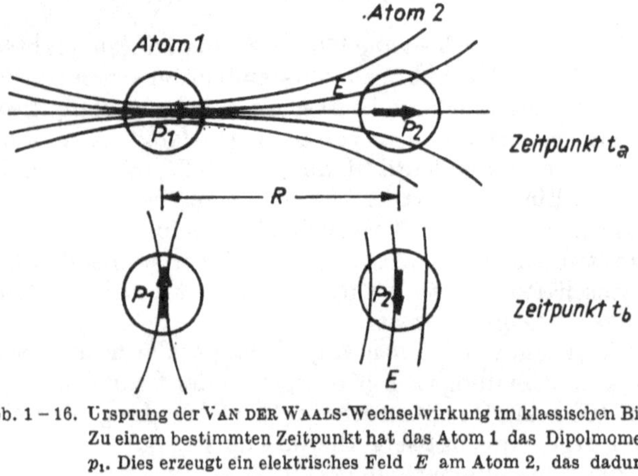

Abb. 1–16. Ursprung der VAN DER WAALS-Wechselwirkung im klassischen Bild. Zu einem bestimmten Zeitpunkt hat das Atom 1 das Dipolmoment p_1. Dies erzeugt ein elektrisches Feld E am Atom 2, das dadurch das induzierte Dipolmoment p_2 erhält. Die Darstellung zeigt zwei Zeitpunkte t_a und t_b. Die Wechselwirkung ist immer anziehend. Je geringer der Abstand der Atome, desto fester ist die Bindung.

Typische Beispiele dafur sind in Abb. 1—17 zusammengestellt.
Prinzipiell sollten sich aus den individuellen Eigenschaften der Atome über diese 4 Arten von Bindungskräften die in der Natur verwirklichten Gittertypen und darüber hinaus alle Eigenschaften der Stoffe rein theoretisch ableiten lassen. Von der Erreichung dieses Zieles ist man jedoch noch sehr weit entfernt.

Immerhin gelingt es, ein empirisches Klassifikationsschema der Stoffe, dem die Einteilung nach Flüchtigkeit, Verhalten in der Dampfphase und elektrischem Verhalten zugrunde liegt, mit der Natur der Bindungskräfte in Übereinstimmung zu bringen (Tab. 1—2).

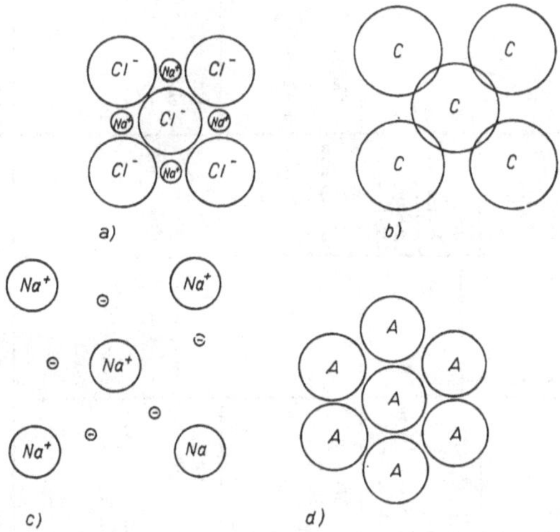

Abb. 1 – 17. Haupttypen der Bindungskräfte. a) Natriumchlorid (ionisch): elektrostatische Anziehung der Ionen, b) Diamant (homöopolar): Überlappung der Atomorbitale, c) Natrium (metallisch): positive Ionen, eingebettet in ein „Gas" quasifreier Elektronen, d) Festes Argon (Molekularkräfte). Dipol-Dipol-Wechselwirkung

Tabelle 1–2

Stoff	Beispiele	Siedepunkt	Dampfphase	elektr. Verhalten	Bindungstyp	Elektronenverteilung	Gittertyp
Edelgase	He, Ne, Ar	sehr tief	einatomig	Isolator	VAN-der-WAALS-Kristall	Kugelsymmetrisch am Atom	Koordinationsz. 12 dichteste Kugelpackungen
unpolare Gase	H_2, N_2, O_2 CH_4	tief	unpolare Molekeln		Molekülkristalle (VAN-der-WAALS- bzw. Wasserstoff-Brückenbindung	am Molekül lokalisiert	Vielfältige, meist niedersymmetrische Typen, durch Molekülform bestimmt
polare	HCl, H_2O, CO_2, organ. Stoffe		polare Molekeln				
salzartige Stoffe	NaCl, MgO, CaF_2, $BaTiO_3$	hoch	einatomig	Isolator oder Elektrolyt	heteropolare Bindung	kugelförmig am Ion lokalisiert	Koordinationszahl 8, 6, 4, evtl. niedriger, vielfältige, z. T. hochsymmetrische Typen
Metalle	Na, Mg, Fe, W, Legierungen			gute Leiter	Metallbindung	völlig delokalisiert	Koordinationszahl 12, z. T. 8. dichteste Kugelpackungen
diamantartige Stoffe	C, Si, Ge, BN	sehr hoch		Isolator oder Halbleiter	kovalente Bindung	lokalisiert zwischen 2 Atomen	Koordinationsz 4, Tetraederumgebung Diamant- oder Zinkblendestruktur
Übergangsformen	Se, Te	mäßig hoch	z. T. Molekeln	stark anisotrop, Halbleiter	kovalente und VAN-der-WAALS-Bindung	lokalisiert in Ketten oder Schichten	Ketten- oder Schichtgitter
	P, As, Sb Graphit	hoch					

Die Angaben in der Spalte „Gittertyp" ergeben sich für ein- und zweiatomare Stoffe aus folgenden Überlegungen. Betrachtet man die nächste Umgebung eines Atoms oder Ions, so findet man als mögliche Anordnungen, die sich räumlich periodisch fortsetzen lassen, die 5 in Abb. 1—18 angegebenen (Dreier- und Zweierumgebungen führen nur zu Schichten bzw. Ketten). Bei nicht absättigbaren Zentralkräften in Elementgittern (Metalle, VAN-DER-WAALS-Kristalle) tritt offenbar der größte Gewinn an Bindungsenergie auf, wenn möglichst viele Bindungspartner möglichst nahe benachbart sind. Es treten daher bevorzugt 12er Umgebungen (dichteste Kugelpackungen) und kubisch-raumzentrierte Gitter auf (bei dem letzteren Gittertyp sind die 6 zweitnächsten Nachbarn nur ca. 15% weiter entfernt als die 8 nächsten Nachbarn, so daß quasi eine 14er Umgebung vorliegt).

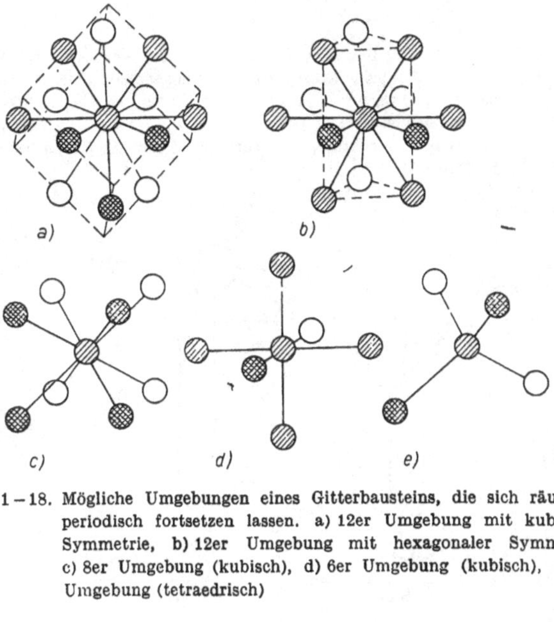

Abb. 1—18. Mögliche Umgebungen eines Gitterbausteins, die sich räumlich periodisch fortsetzen lassen. a) 12er Umgebung mit kubischer Symmetrie, b) 12er Umgebung mit hexagonaler Symmetrie, c) 8er Umgebung (kubisch), d) 6er Umgebung (kubisch), e) 4er Umgebung (tetraedrisch)

Bei homöopolarer Bindung ist die Zahl der nächsten Nachbarn durch die Wertigkeit bestimmt. Rein homöopolare Raumgitter sind deshalb nur bei den 4wertigen Elementen möglich. Es ergibt sich die sog. Diamantstruktur mit tetraedrischer Umgebung jedes Atoms.

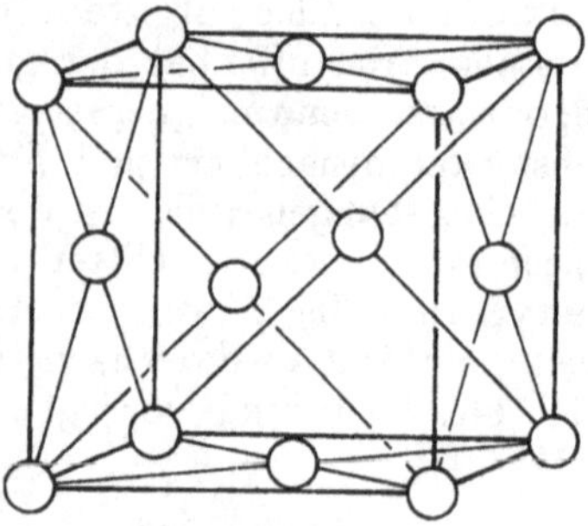

Abb. 1–19. Beispiele für Gittertypen. a) kubisch-flächenzentriertes Gitter (kubisch dichteste Kugelpackg.), b) hexagonal dichteste Kugelpackung, c) Cäsiumchlorid-Struktur, d) Natriumchlorid-Struktur, e) Zinkblendestruktur (sind alle Atome gleich, so ergibt sich die Diamantstruktur), f) Wurtzitstruktur, g) Graphitstruktur, h) Perowskitstruktur

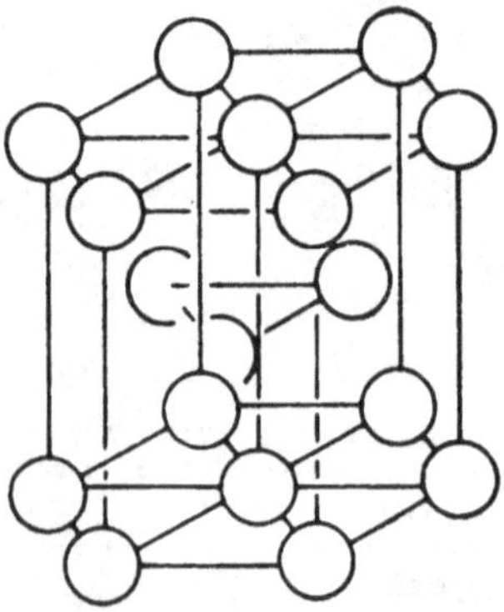

Abb. 1–19 b)

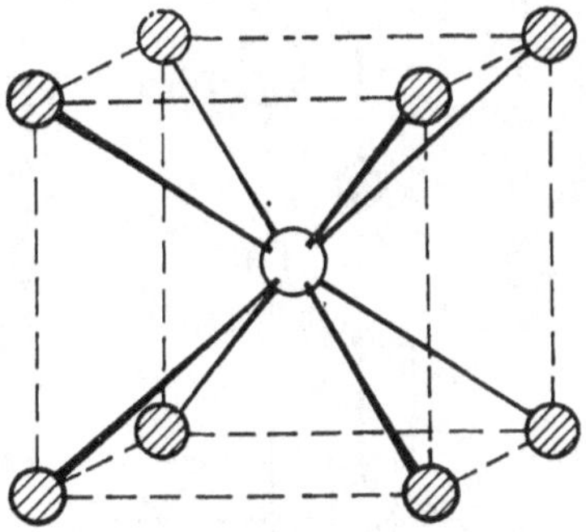

Abb. 1 – 19 c)

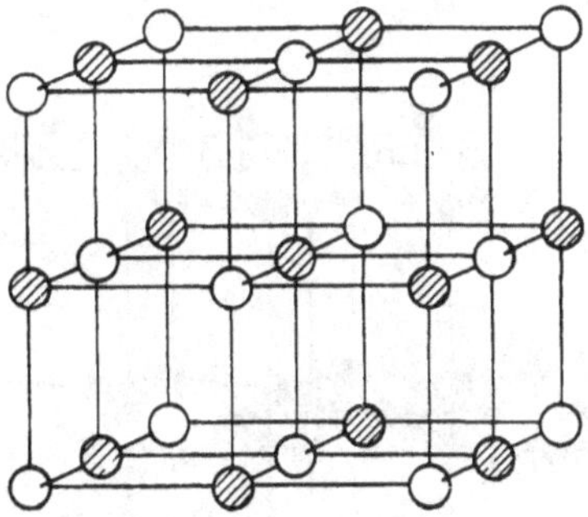

Abb. 1 – 19 d)

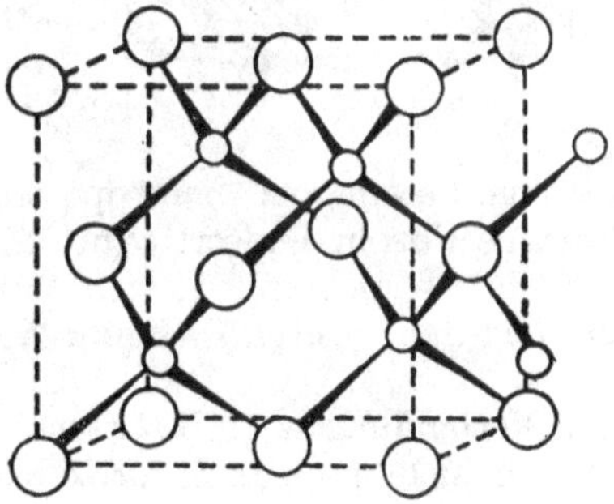

Abb. 1 – 19 e)

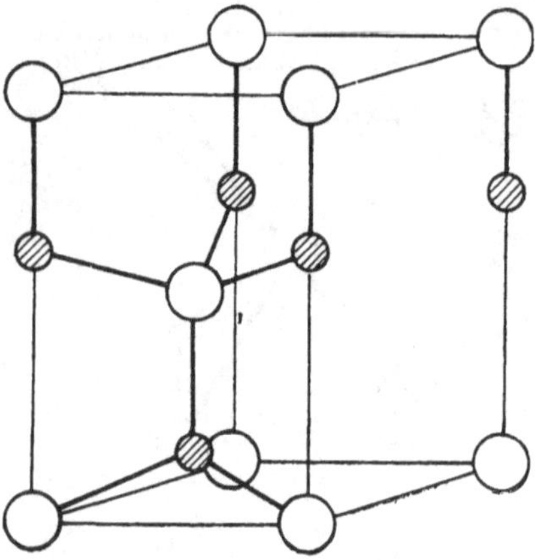

Abb. 1 – 19 f)

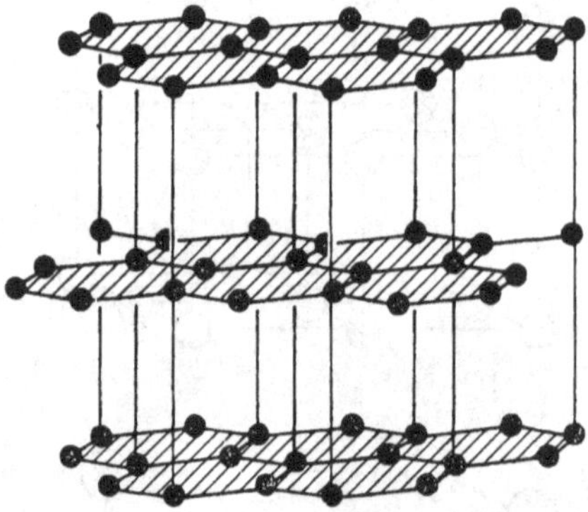

Abb. 1 – 19 g)

3wertige Atome liefern bei homöopolarer Bindung Schichten, 2wertige Ketten, einwertige nur Moleküle. Der Zusammenhalt der Schichten, Ketten bzw. Moleküle untereinander wird dabei durch VAN-DER-WAALS-Kräfte bewirkt.

Bei binären Verbindungen (AB-Gitter) lassen sich 12er Umgebungen nicht periodisch fortsetzen, es treten

daher bevorzugt 8er Umgebungen (CsCl-Typ), 6er Umgebungen (NaCl-Typ) und 4er Umgebungen (Zinkblende- oder Wurtzit-Typ) auf. Große Differenzen der Ionenradien führen dabei im allgemeinen zu Gittern mit niedrigen Koordinationszahlen.
Einige Beispiele von Gittertypen sind in Abb. 1–19 zusammengestellt.

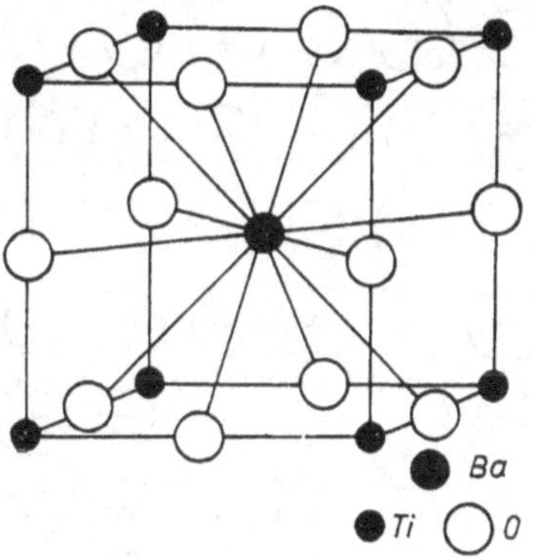

Abb. 1–19h)

1.4. *Gitterstörungen*

Die in den vorhergehenden Abschnitten behandelte ideale Gitterstruktur ist in der Natur nie verwirklicht, sondern es treten stets strukturelle (geometrische) Abweichungen, die als Eigenfehlordnung bezeichnet werden, und Verunreinigungen chemischer Natur (Dotierungen) auf. Je nach der räumlichen Ausdehnung unterscheidet man Punkt-, Linien- und Flächendefekte.

Nulldimensionale Eigenfehlordnung kommt in Elementgittern in 2 Formen vor (Abb. 1–20). Bei der SCHOTTKY-Fehlordnung treten Leerstellen auf, wobei die entsprechenden Atome zur Oberfläche gewandert sind (Volumenänderung!), während bei der FRENKEL-Fehlordnung Leerstellen und Atome auf Zwischengitterplätzen in gleicher Konzentration vorhanden sind (keine Volumenänderung gegenüber dem Idealkristall!). Beide Typen sind thermodynamisch bedingt, jeder Temperatur kann daher ein bestimmter Fehlordnungsgrad zugeordnet werden. Ist E die Bildungsenergie für eine Leerstelle, so ist diese Gleichgewichtskonzentration n/N (n = Zahl

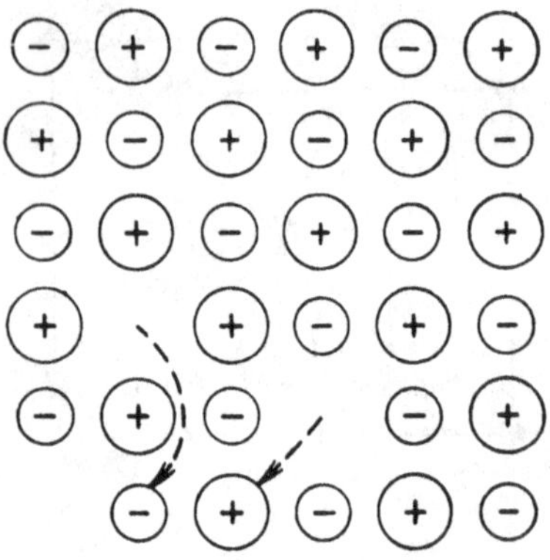

Abb. 1 – 20a)

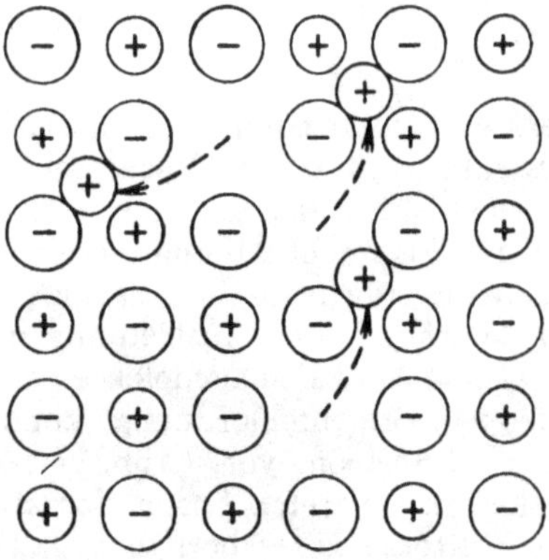

Abb. 1 – 20b)

Abb. 1 – 20. a) SCHOTTKY-Fehlordnung, b) FRENKEL-Fehlordnung in einem 2atomigen Gitter

der Leerstellen, N = Zahl der Gitterplätze)

bei SCHOTTKY-Fehlordnung durch $n/N \approx e^{-E/kT}$;
bei FRENKEL-Fehlordnung durch $n/N \approx e^{-E/2kT}$

gegeben.

In Alkalihalogeniden hat E die Größenordnung von 1 bis 2 eV; daraus ergeben sich bei 1000 °C Fehlstellenkonzentrationen von 10^{-10} bis 10^{-5}, d. h., der lineare abstand der Fehlstellen beträgt 100 bis 1000 Gitterkonstanten.

Häufig friert jedoch infolge geringer Diffusionsgeschwindigkeit der Gitterbausteine beim Abkühlen eine bei hoher Temperatur erzeugte Fehlstellenkonzentration ein, so daß n seinen Gleichgewichtswert oft um Größenordnungen übersteigt.

Fremdatome können auf Zwischengitterplätzen oder anstelle eines Gitterbausteins eingebaut werden. Im letzteren Falle spricht man auch von Substitutionsstörstellen.

In mehratomigen Gittern treten aus Neutralitätsgründen stets Störstellenpaare auf. Auch beim Einbau von Fremdatomen muß zumindest im Mittel die Neutralität gewahrt bleiben (beispielsweise lassen sich im CaF_2 die zweiwertigen Ca-Ionen nur durch dreiwertige Ionen ersetzen, wenn gleichzeitig auch einwertige in gleicher Zahl eingebaut werden: Prinzip der Ladungskompensation).

Eindimensionale Baufehler werden als Versetzungen bezeichnet. Ihr Auftreten ist im Gegensatz zu den Fehlstellen nicht thermodynamisch bedingt, sondern wird durch Wachstumsprozesse und plastische Verformungen hervorgerufen. Versetzungen entstehen durch Verschieben zweier Kristallteile gegeneinander. Sie sind im allgemeinen aus Stufen- und Schraubenteilen zusammengesetzt.

Eine Stufenversetzung kann man sich durch Einschieben einer zusätzlichen Netzebene zwischen die Netzebenen des Kristalls entstanden denken. Die Kante dieser Ebene ist die Versetzungslinie. Demgegenüber sind bei einer Schraubenversetzung die Netzebenen schraubenförmig um die Versetzungslinie angeordnet (Abb. 1–21).

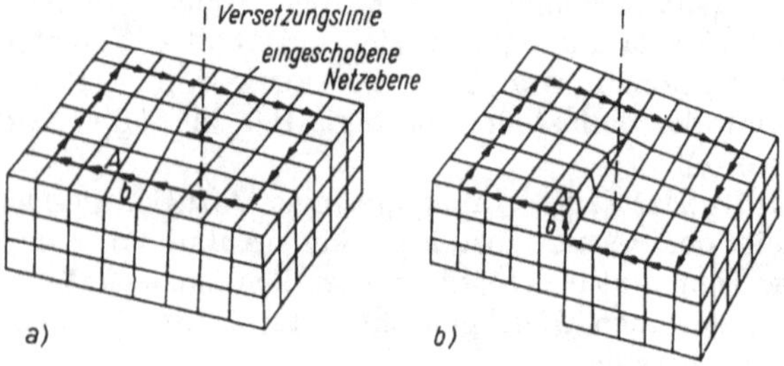

Abb. 1–21. Burgers-Umlauf bei einer Stufen- und Schraubenversetzung. Bei der Stufenversetzung. a) liegt der Burgers-Vektor senkrecht zur Versetzungslinie, bei der Schraubenversetzung, b) parallel zur Versetzungslinie

Die quantitative Beschreibung der „Größe" einer Versetzung erfolgt durch den Burgers-Vektor. Umfährt man die Versetzungslinie in einer dazu senkrechten Ebene im ungestörten Kristallbereich, so ist die Vektorsumme des Umlaufs von Null verschieden, der resultierende Vektor heißt Burgers-Vektor. Er liegt bei Stufenversetzungen senkrecht, bei Schraubenversetzungen parallel zur Versetzungslinie.
Die Energie einer Versetzung ist proportional zum Quadrat ihres Burgers-Vektors. Daher treten im allgemeinen nur Versetzungen auf, bei denen der Burgers-Vektor gleich einem kürzesten Gittervektor ist. Versetzungen mit größeren Burgers-Vektoren dissoziieren in solche mit kürzesten Burgers-Vektoren.

Die Versetzungslinien bilden im Kristall ein dreidimensionales „verknotetes" Netzwerk, was zur sog. Mosaikstruktur der Kristalle führt. Infolge des gestörten Gitteraufbaus lagern sich Fremdatome bevorzugt längs Versetzungen ab. Durch eine derartige „Dekoration“ mit geeigneten Atomen lassen sich Versetzungslinien auch direkt sichtbar machen.

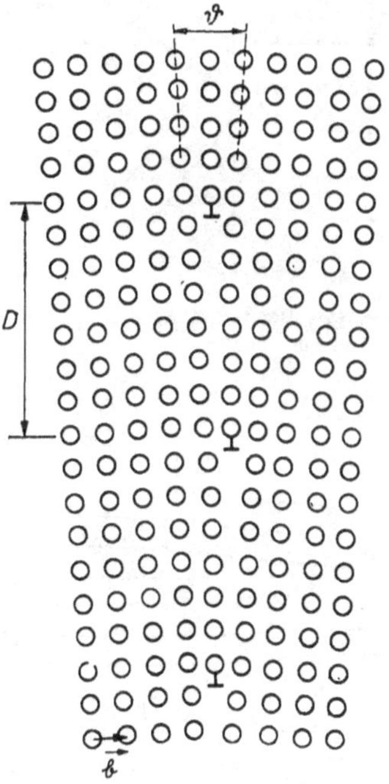

Abb. 1 – 22. Aufbau einer Kleinwinkelkorngrenze aus Stufenversetzungen

Zweidimensionale Baufehler treten in Form von Kleinwinkelkorngrenzen aus periodisch angeordneten Stufenversetzungen (Abb. 1—22), Großwinkelkorngrenzen mit stark gestörtem flüssigkeitsähnlichen Gitteraufbau in der Übergangszone (Beilby-Schicht) und als Zwillingsebenen (Abb. 1—23) auf. In manchen Strukturen können ferner durch falsche Schichtfolgen sog. Stapelfehler auftreten (Abb. 1—24). Außerdem stellt natürlich jede Oberfläche einen zweidimensionalen Baufehler dar.

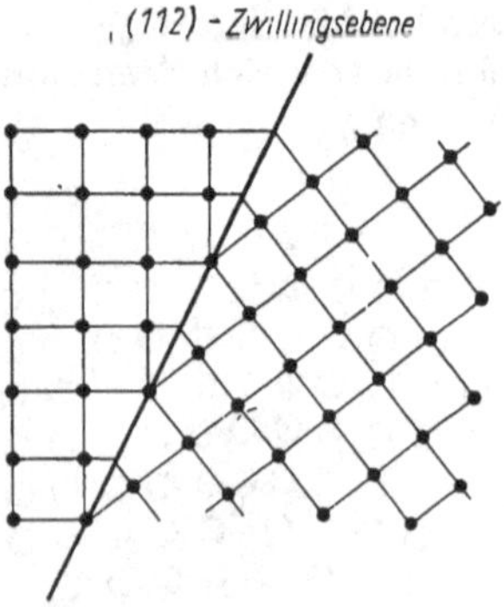

Abb. 1–23. Zwillingsebene. Der rechte Bereich ist durch Spiegelung an der Zwillingsebene entstanden

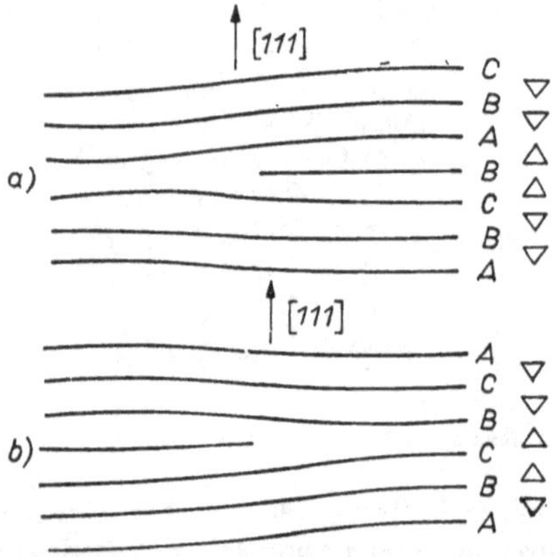

Abb. 1–24. Stapelfehler in 111-Richtung der kubisch dichtesten Kugelpackung. Normalerweise sind 3 unterschiedliche Netzebenen in der Reihenfolge A, B, C gestapelt. a) Eine „falsche" Netzebene B ist von rechts eingeschoben, b) Rechts fehlt die mittlere A-Ebene Die falsche Schichtfolge bleibt auch erhalten, wenn man z. B. bei a) die „falsche" Netzebene vollständig „durchgeschoben" vorgestellt, d. h. ein Stapelfehler muß nicht mit einer Versetzung gekoppelt sein.

Der Nachweis von Gitterstörungen und damit die Untersuchung der Realstruktur von Kristallen ist für viele Probleme außerordentlich wichtig. Punktdefekte lassen sich nur indirekt mittels elektrischer, optischer oder hochfrequenzspektroskopischer Verfahren nachweisen. Dagegen können Versetzungen und Korngrenzen sowohl durch Ätz- oder Dekorationsverfahren als auch durch direkte Abbildung mittels spezieller Röntgen- oder Elektronenbeugungsverfahren, sowie mit dem Feldionenmikroskop sichtbar gemacht werden.

2. Mechanische Eigenschaften

Die mechanischen Eigenschaften der Stoffe beschreiben ihre Reaktion auf die Einwirkung äußerer Kräfte.

Bisher haben wir das Kristallgitter als starr betrachtet. Dabei entspricht der Gitterkonstante das Minimum der potentiellen Energie des Kristalls. Unter dem Einfluß äußerer Kräfte treten Verrückungen der Gitterbausteine aus ihren Gleichgewichtslagen auf, die potentielle Energie steigt.

Sind die einwirkenden Kräfte klein genug, so verformt sich der Kristall reversibel (elastisches Verhalten). Sind sie groß, so verformt er sich irreversibel (plastisches Verhalten).

Phänomenologisch läßt sich bei isotopen Stoffen das mechanische Verhalten z. B. beim Zugversuch (Abb. 2—1)

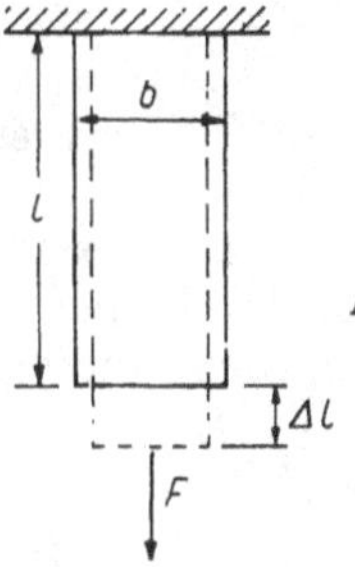

Abb. 2 – 1. Schema des Zugversuchs. Die Kraft F bewirkt eine Verlängerung Δl und eine Querkontraktion Δb des Prüflings

durch die Spannungs-Dehnungs-Kurve (Abb. 2–2) darstellen. Im elastischen Gebiet ist dabei der Zusammenhang zwischen der Spannung $\sigma = F/q$ und der Dehnung $\varepsilon = \Delta l/l$ linear: $\sigma = E \cdot \varepsilon$ (HOOKEsches Gesetz).

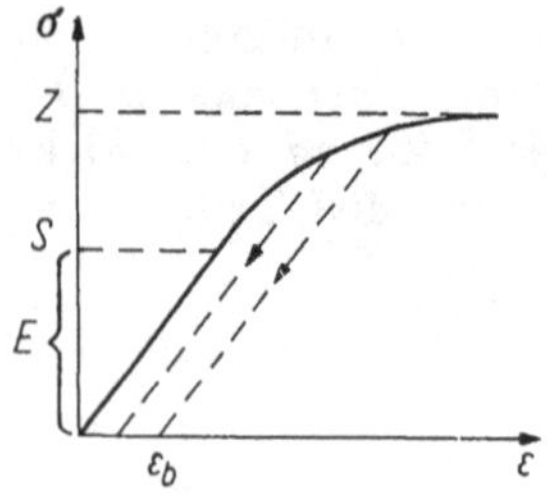

Abb. 2–2. Spannungs-Dehnungs-Kurve. E Elastizitätsbereich S Streck- oder Fließgrenze (Beginn der plastischen Verformung), Z Zerreiß- oder Bruchgrenze, ε_b nach der Belastung bleibende Deformation

In Kristallen ist dieses skalare Gesetz durch einen tensoriellen Zusammenhang $\sigma_{ij} = \sum_{k,l} c_{ijkl}\,\varepsilon_{kl}$ zu ersetzen. Außerdem tritt gleichzeitig mit der durch die Kraft F bewirkten Verlängerung Δl eine Querkontraktion Δb auf. Das Verhältnis $\mu = \frac{\Delta b/b}{\Delta l/l}$ ist eine Konstante, die als POISSONsche Zahl bezeichnet wird.

Im Gebiet plastischer Verformung liegen die Verhältnisse wesentlich komplizierter. Die Materialeigenschaften sind dort nicht mehr durch den idealen Gitteraufbau, sondern durch dessen Störungen, insbesondere durch Versetzungen, bestimmt.

2.1. *Elastische Eigenschaften*

Im Gültigkeitsbereich des HOOKEschen Gesetzes sind die Verrückungen der Gitterbausteine aus ihren Gleichgewichtslagen klein gegen die Gitterkonstante, daher kann man die potentielle Energie des Kristalls durch eine quadratische Funktion der Verrückungen u_i approximieren:

$$U = U_0 + \frac{1}{2} \sum_{i,j} k_{ij} u_i u_j .$$

In dieser Näherung ist also die rücktreibende Kraft proportional zur Auslenkung und wir können als Modell des Gitters ein System von Massenpunkten ansehen, die durch Federn miteinander verbunden sind. Dabei ist die Krümmung der Potentialkurve im Minimum (vgl. Abb. 1–12) ein Maß für die Federkonstante. Aus diesem Modell lassen sich die elastischen Konstanten (im isotropen Stoff also E und μ) als Funktion der Federkonstanten berechnen.

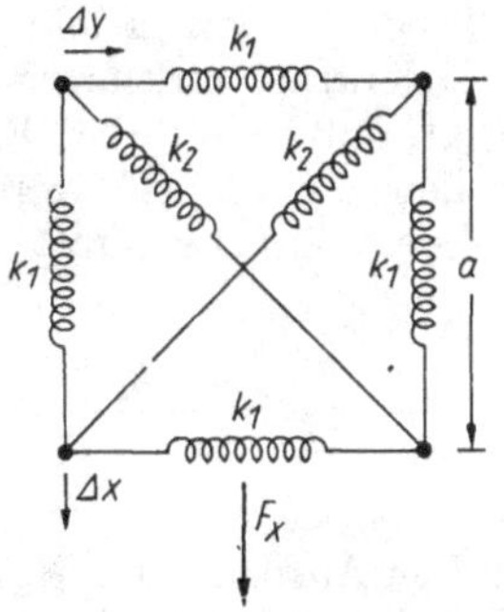

Abb. 2–3. Ebenes Gittermodell zur Berechnung der elastischen Konstanten aus den Kräften zwischen den Gitterbausteinen

Wir legen der Rechnung ein ebenes quadratisches Gitter zugrunde, in dem eine Kopplung zwischen nächsten Nachbarn (Federkonstante k_1) und übernächsten Nachbarn (Federkonstante k_2) besteht (Abb. 2–3). Berücksichtigt man nur die Kopplung zu nächsten Nachbarn, so erhält man keine sinnvollen Ergebnisse, z. B. wird μ gleich Null. Unter dem Einfluß der in x-Richtung wirkenden Kraft F_x erfolgt eine Dehnung um Δx und eine Querkontraktion Δy. Die Längenänderung der Diagonale beträgt

$$\sqrt{(a + \Delta x)^2 + (a - \Delta y)^2} - a\sqrt{2} \approx \frac{1}{\sqrt{2}}(\Delta x - \Delta y).$$

Damit erhält man für die in x- bzw. y-Richtung auftretenden Kräfte

$$F_x = \quad 2 \cdot \frac{1}{2} k_1 \Delta x + 2 \cdot \frac{1}{\sqrt{2}} \cdot k_2 \cdot \frac{1}{\sqrt{2}} (\Delta x - \Delta y),$$

$$F_y = -2 \cdot \frac{1}{2} k_1 \Delta y + 2 \cdot \frac{1}{\sqrt{2}} k_2 \frac{1}{\sqrt{2}} (\Delta x - \Delta y).$$

(Der Faktor $1/\sqrt{2}$ bei k_2 berücksichtigt, daß nur eine Komponente der Federkraft wirksam ist. Der Faktor 1/2 bei k_1 berücksichtigt, daß jede dieser Federn gleichzeitig zu 2 Elementarzellen gehört.) F_y verschwindet, da in dieser Richtung keine äußere Kraft wirkt, und man erhält

$$\frac{\Delta y}{\Delta x} = \mu = \frac{k_2}{k_1 + k_2}.$$

Ersetzt man in dem Ausdruck für F_x Δy durch Δx und berücksichtigt, daß $F_x = E \cdot \Delta x$ ist, so erhält man

$$E = k_1 + \frac{k_1 \cdot k_2}{k_1 + k_2}.$$

Da die Kräfte zwischen den Atomen nicht genau genug bekannt sind, ist es allerdings praktisch nicht möglich, die elastischen Konstanten daraus quantitativ zu berechnen. Man versucht statt dessen umgekehrt, durch Messung der elastischen Konstanten Aussagen über die Bindungskräfte zu erhalten.

Anstelle der „klassischen" Verfahren der Messung aus Dehnung, Biegung oder Torsion, wie sie für große (polykristalline) Körper benutzt werden, tritt bei Einkristallen die Bestimmung der elastischen Konstanten aus der Schallgeschwindigkeit. Für isotrope Körper der Dichte ϱ

gilt für die Schallgeschwindigkeit

bei longitudinalen Wellen $v_l = \sqrt{\frac{c_{11}}{\varrho}}$,

bei transversalen Wellen $v_t = \sqrt{\frac{c_{44}}{\varrho}}$.

Die hier ohne nähere Begründung eingeführten elastischen Konstanten c_{11} und c_{44} stehen in isotropen Stoffen mit dem Elastizitätsmodul und der POISSON-Zahl in folgendem Zusammenhang:

$$c_{11} = E \cdot \frac{2(1-\mu)}{(1+\mu)(1-2\mu)}, \quad c_{44} = \frac{E}{2(1+\mu)}.$$

c_{44} ist identisch mit dem Schubmodul G, der den Zusammenhang zwischen der Scherspannung σ_s und dem dadurch verursachten Scherwinkel γ angibt: $\gamma = \frac{\sigma_s}{G}$ (vgl. Abb. 2–4).

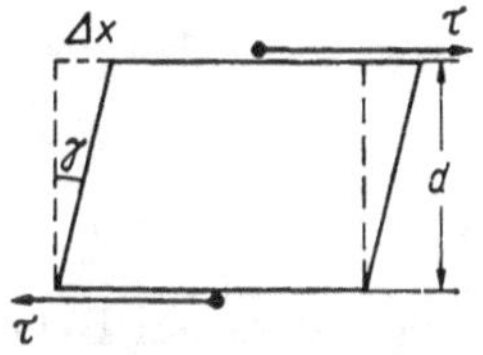

Abb. 2–4. Scherdeformation.
Es ist $\frac{\Delta x}{d} = \tan \gamma \approx \gamma$.

In Kristallen ist die Zahl der elastischen Konstanten größer, die Formeln werden entsprechend komplizierter.

Die Schallgeschwindigkeit wird üblicherweise aus der Laufzeit von Ultraschallimpulsen nach dem in Abb. 2–5 angegebenen Schema bestimmt (Ultraschall-Radar). Ein elektrischer Hochfrequenzimpuls regt einen piezoelektrischen Kristall (z. B. Quarz), der auf den Prüfling aufgekittet ist, zu Ultraschallschwingungen an. Die Ultraschallwelle läuft durch den Prüfling, wird an der Unterseite reflektiert und in dem piezoelektrischen Kristall wieder in einen elektrischen Impuls umgewandelt, der entsprechend der Laufzeit der Ultraschallwelle gegenüber dem anregenden Impuls verzögert ist. Diese Verzögerung läßt sich mit hoher Genauigkeit messen. Die Schallgeschwindigkeit hängt von der Orientierung des Prüflings ab. Durch Messung in genügend vielen Richtungen kann man so alle elastischen Konstanten bestimmen. Gleichzeitig erhält man noch Aussagen über die Dämpfung der Ultraschallimpulse im Kristall, d. h. über die Umwandlung von mechanischer in Wärmeenergie infolge anharmonischer Prozesse.

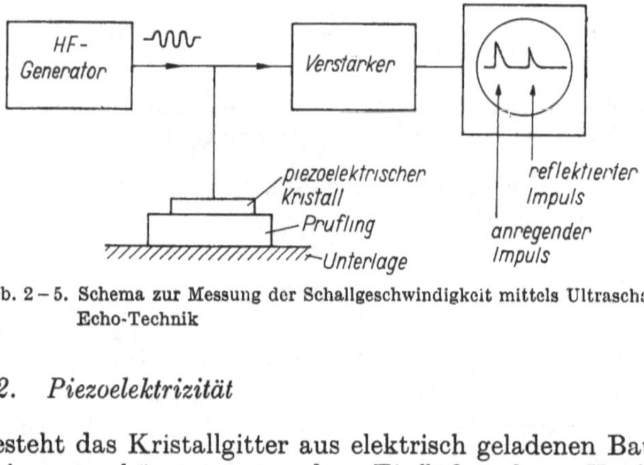

Abb. 2 – 5. Schema zur Messung der Schallgeschwindigkeit mittels Ultraschall-Echo-Technik

2.2. *Piezoelektrizität*

Besteht das Kristallgitter aus elektrisch geladenen Bausteinen, so können unter dem Einfluß äußerer Kräfte Aufladungen der Kristalloberflächen entstehen (piezoelektrischer Effekt). Umgekehrt bewirkt das Anlegen eines elektrischen Feldes eine zur elektrischen Feldstärke proportionale Verformung des Kristalls (inverser piezoelektrischer Effekt.)[1]) Voraussetzung dafür ist, daß der

[1]) Außerdem tritt in allen, also auch in nicht piezoelektrischen Kristallen, eine zum Quadrat der elektrischen Feldstärke proportionale Verformung (Elektrostriktion) auf, die aber wesentlich kleiner als die piezoelektrisch bedingte Verformung ist.

Kristall kein Inversionszentrum hat, weshalb der Effekt z. B. in isotropen Medien nicht auftritt.

Phänomenologisch beschreibt man das piezoelektrische Verhalten durch die Gleichung

$$P_i = \sum_{k,l} d_{ikl} \cdot \sigma_{kl} .$$

In dieser Gleichung durchlaufen i, k, l unabhängig voneinander die Werte x, y, z. P_i ist die Komponente der erzeugten elektrischen Polarisation in i-Richtung, σ_{kl} die mechanische Spannung, die in k-Richtung an der Fläche mit der Normalen l angreift, d_{ikl} sind die piezoelektrischen Koeffizienten).

Prinzipiell müssen sich die piezoelektrischen Koeffizienten aus der Gitterstruktur, der Größe der elektrischen Ladung der Gitterbausteine und den Kräften zwischen diesen berechnen lassen. Kombiniert man die Rechnung mit den elastischen Konstanten, so erhält man auch quantitative Ergebnisse.

Betrachtet man z. B. die (110)-Ebene des Zinkblendegitters (vgl. Abb. 1–19f), so ergibt sich die in Abb. 2–6

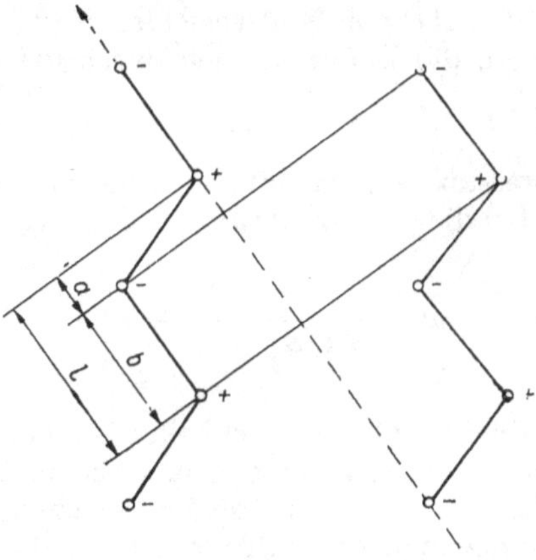

Abb. 2–6. Atomanordnung in der (110)-Ebene des Zinkblendegitters

dargestellte Atomanordnung. Da die zur [111]-Richtung senkrechte Ebene eine Flächenladungsdichte von $\frac{4}{\sqrt{3}} \cdot \frac{q}{A^2}$ hat (A Gitterkonstante, q effektive Ladung der Zn- bzw. S-Atome), beträgt die Polarisation in [111]-Richtung

$$P = \frac{4}{\sqrt{3}} \frac{q}{A^2} \cdot \frac{a}{l}.$$

Diese Polarisation wird durch Oberflächenladungen abgeschirmt und deshalb nicht meßbar.

Bei einer Deformation des Kristalls in [111]-Richtung ändert sich l um Δl, a um Δa und man erhält eine Änderung der Polarisation

$$\Delta P = \frac{4}{\sqrt{3}} \frac{q}{A^2} \cdot \frac{a}{l} \left(\frac{\Delta a}{a} - \frac{\Delta l}{l} \right).$$

Da die Bindung parallel zur [111]-Richtung nur in Bindungsrichtung, die schräg zur [111]-Richtung liegende aber auch senkrecht dazu beansprucht wird, ist $\Delta a/a > \Delta l/l$, so daß ΔP von Null verschieden ist.

Drückt man die Deformationen durch die elastischen Eigenschaften aus ($\frac{\Delta l}{l} = \frac{\sigma}{E_{111}}$ und $\frac{\Delta b}{b} = \frac{\varkappa}{3} \sigma$, $\varkappa$ = Kompressibilität), so läßt sich die piezoelektrische Konstante für die [111]-Richtung im Zinkblendegitter in der Form

$$d = \frac{1}{\sqrt{3}} \frac{q}{A^2} \left(\frac{3}{E_{111}} - \varkappa \right)$$

schreiben. Daraus läßt sich bei bekanntem q, E_{111} und $\varkappa$ die Größe d quantitativ berechnen. Zweckmäßiger ist es jedoch, d zu messen und aus obiger Gleichung die sonst nur schwer zugängliche Größe q zu ermitteln (s. z. B. Z. Naturforschung 18*a*, (1963), 641).

2.3. Plastisches Verhalten

Jeden Kristall kann man sich durch Übereinanderstapeln seiner Netzebenen aufgebaut denken. Die bleibende Verformung bei plastischer Deformation entsteht

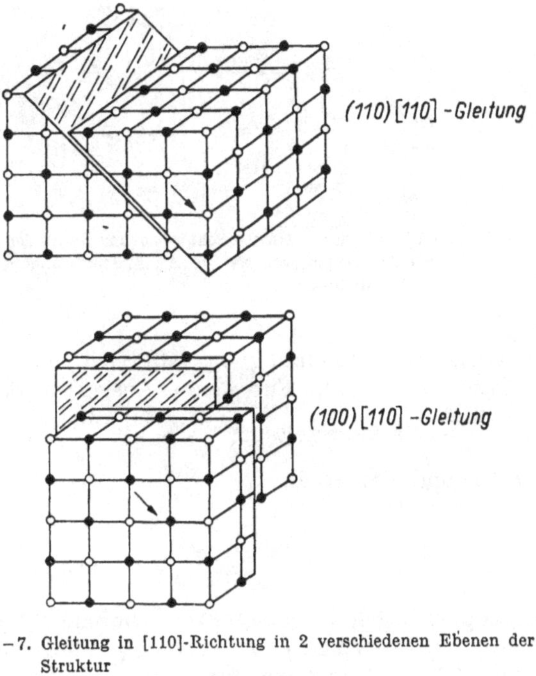

Abb. 2–7. Gleitung in [110]-Richtung in 2 verschiedenen Ebenen der NaCl-Struktur

durch Gleiten dieser Netzebenen aufeinander. Dabei können zur gleichen Gleitrichtung unterschiedliche Gleitebenen beitragen (vgl. Abb. 2–7). Meist sind das die am niedrigsten indizierten Ebenen (mit kleinen MILLERschen Indices), die am dichtesten mit Atomen besetzt sind.

Da die Atomanordnung in den Netzebenen periodisch ist, wird auch die zu einer Verschiebung x gehörige Scherspannung σ_s eine periodische Funktion von x. Es gilt also näherungsweise (Abb. 2–8)

$$\sigma_s = \sigma_{sc} \cdot \sin \frac{2\pi x}{d}.$$

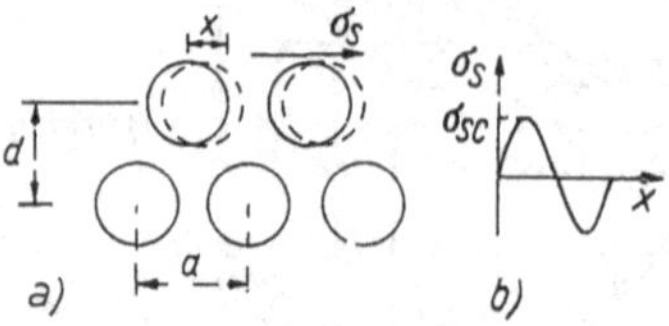

Abb. 2–8. Zur Berechnung der kritischen Schubspannung im idealen Gitter. a) Schema des Gleitens von Netzebenen, b) Scherspannung σ_s als Funktion der Gleitung x

Die kritische Schubspannung σ_{sc} läßt sich aus elastischen Daten berechnen. Für kleine Auslenkungen gilt $\sigma_s \approx \sigma_{sc} \cdot \frac{2\pi x}{d}$. Andererseits ist $\frac{x}{d} \approx \gamma = \frac{\sigma_s}{G}$ (vgl. Abschnitt 2.1) und man erhält

$$\sigma_{sc} = \frac{G}{2\pi} \cdot \frac{a}{d} \approx \frac{G}{2\pi} \approx 0{,}1 \cdot G.$$

Demgegenüber liegen die gemessenen Schubmoduln G bei 10^{10} N/m², die kritischen Schubspannungen σ_{sc} nur bei 10^6 N/m². Diese Diskrepanz um mehrere Größenordnungen läßt sich auch durch genauere Rechnungen nicht beseitigen, d. h. eine Erklärung der experimentellen Werte ist durch dieses Modell, bei dem sich alle Bausteine einer Netzebene gleichzeitig verschieben, nicht möglich.

Die niedrigen kritischen Schubspannungen lassen sich jedoch verstehen, wenn man Versetzungen berücksichtigt. Das Gleiten geschieht dann nach folgendem Schema (Abb. 2–9): Durch Abgleiten des oberen Teilgitters entsteht eine Stufenversetzung (Stadium *a*), die unter dem Einfluß der Schubspannung durch den Kristall wandert (Stadium *b*), da die Gitterbausteine in der Umgebung der Versetzung bereits ohne Einfluß äußerer Kräfte aus der Gleichgewichtslage im Gitter ausgelenkt sind. Schließlich verläßt die Versetzung den Kristall wieder (Stadium *c*)[1]. In diesem Modell gleiten die Bausteine einer Netzebene nacheinander, wodurch die nötige Schubspannung stark vermindert wird.

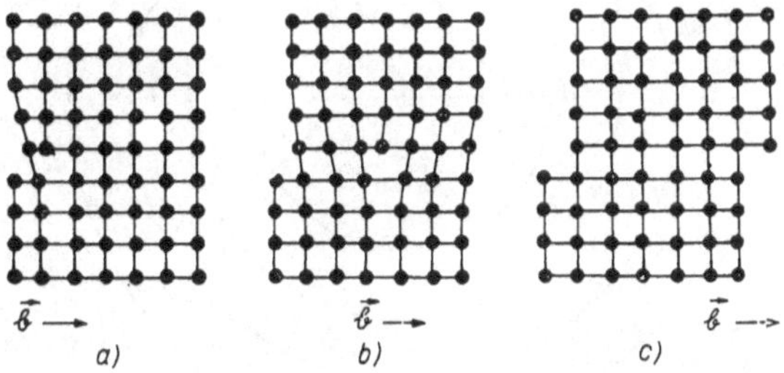

Abb. 2–9. Abgleiten eines Gitterbereichs durch Bewegung einer Versetzung

Die an der Oberfläche entstehende Gleitstufe ist je nach der Zahl der gewanderten Versetzungen ein Vielfaches des BURGERS-Vektors. Große Abgleitungen setzen also viele Versetzungen voraus. Ein echtes Verständnis des Gleitvorganges wurde deshalb erst erreicht, als man Versetzungsquellen entdeckt hatte, die durch äußere Kräfte in Tätigkeit versetzt werden können und viele Versetzungen erzeugen.

Das bekannteste Beispiel dafür ist die FRANK-READ-Quelle (Abb. 2–10). Eine Versetzung sei in den Punkten A und B verankert (z. B. an Versetzungsknoten oder an

---

[1]) Dies entspricht der Verschiebung eines Teppichs durch Wandern einer Falte, wozu auch wesentlich weniger Kraft nötig ist als zur Verschiebung des Teppichs als ganzem.

Punktstörstellen). Ohne äußere Kräfte verläuft sie geradlinig und hat die Länge l. Unter dem Einfluß einer genügend großen Scherspannung (Arbeitsspannung der Quelle) beult sie sich aus und durchläuft die Stadien 1—4. Schließlich berühren sich die Punkte P und Q. Daraufhin zerfällt sie in den äußeren Versetzungsring 5 und den geradlinigen Anfangsteil 1 und das Spiel beginnt von neuem.

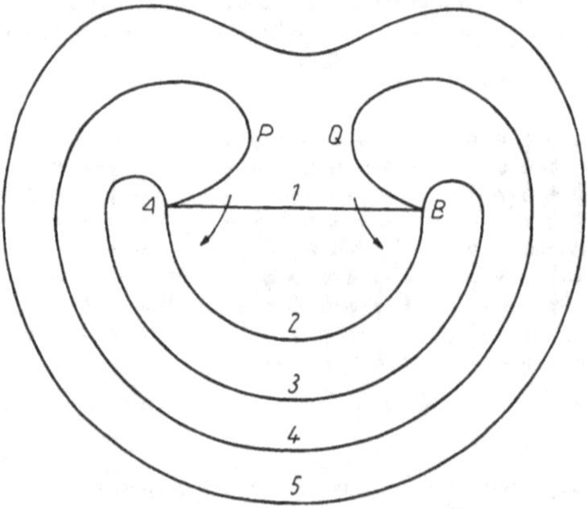

Abb. 2 – 10. Modell der Versetzungsvervielfachung durch eine FRANK-READ-Quelle

Die Arbeitsspannung der Quelle beträgt $\sigma_{FR} = G \cdot b/l$. Der Abstand l der als Verankerung wirkenden Versetzungsknoten liegt üblicherweise in der Größenordnung von 10^{-4} cm; der BURGERS-Vektor hat eine Länge von etwa 10^{-8} cm, so daß $\sigma_{FR} \approx 10^{-4} \cdot G$ ist, also weit unterhalb der kritischen Schubspannung des Idealkristalls liegt.

Insgesamt ergibt sich, daß man im Gegensatz zum elastischen das plastische Verhalten nicht auf die Eigenschaften des Idealkristalls zurückführen kann, sondern daß die Realstruktur dafür entscheidend ist, also zu einem gewissen Grad jeder Kristall als Individuum betrachtet werden muß.

3. Gitterschwingungen und thermisches Verhalten

Das in Abschnitt 2 für die Behandlung der elastischen Eigenschaften entwickelte Modell – regelmäßig angeordnete Punktmassen mit Federbindungen – kann auch zur Erklärung des dynamischen Verhaltens herangezogen werden, da es sich um ein schwingungsfähiges System handelt.

Quantisiert man dieses System, so erhält man ein Beispiel für elementare Anregungszustände, wodurch sich zwanglos die Erklärung der thermischen Eigenschaften der Festkörper ergibt. Da die mathematische Behandlung recht aufwendig ist, werden die grundsätzlichen Überlegungen für ein eindimensionales Gitter ausgeführt.

3.1. Schwingungen einer zweiatomigen Kette

Die zweiatomige Kette mit den beiden Atomen der Masse M bzw. m ($m < M$ ohne Beschränkung der Allgemeinheit vorausgesetzt) habe die Gitterkonstante a; M und m befinden sich im Abstand $a/2$ und sind durch elastische Kräfte (Federkonstante k) gebunden (Abb. 3–1). Es werden longitudinale Schwingungen (Auslenkung in Kettenrichtung) betrachtet.

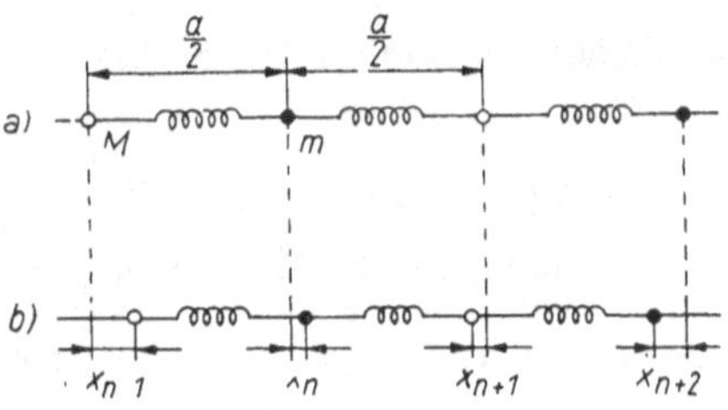

Abb. 3–1. Zweiatomige lineare Kette mit Federbindung. a) im Gleichgewicht, b) im ausgelenkten Zustand

Bezeichnet man mit x_n die Auslenkung des Atoms an der Stelle n, so ergeben sich für m und M folgende Bewegungsgleichungen:

$$\begin{aligned} m \cdot \ddot{x}_n &= -k \cdot (x_n - x_{n+1}) - k \cdot (x_n - x_{n-1}) \\ &= k \cdot (x_{n-1} + x_{n+1} - 2 \cdot x_n), \\ M \cdot \ddot{x}_{n+1} &= -k \cdot (x_{n+1} - x_{n+2}) - k \cdot (x_{n+1} - x_n) \\ &= k \cdot (x_n + x_{n+2} - 2 \cdot x_{n+1}). \end{aligned}$$

Diese Gleichungen lassen sich mit dem Ansatz

$$x_n = A \cdot \mathrm{e}^{-i\left(\omega t - \frac{n}{2} qa\right)},$$

$$x_{n+1} = B \cdot \mathrm{e}^{-i\left(\omega t - \frac{n+1}{2} qa\right)}$$

lösen. Der Ansatz bedeutet, daß sich die Schwingungen von Elementarzelle zu Elementarzelle nur durch einen Phasenfaktor $\exp(iqa)$ unterscheiden, d. h. man hat es mit fortschreitenden Wellen zu tun.

Setzt man diesen Ansatz in die Bewegungsgleichungen ein, so erhält man 2 lineare homogene Gleichungen für die unbekannten Amplituden A und B:

$$m\omega^2 - 2k) \cdot A + 2 \cdot B \cdot k \cdot \cos(a \cdot q/2) = 0,$$

$$(M\omega^2 - 2k) \cdot B + 2 \cdot A \cdot k \cdot \cos(a \cdot q/2) = 0.$$

Nichttriviale Lösungen sind nur möglich, wenn die Determinante verschwindet:

$$\begin{vmatrix} m\omega^2 - 2k & 2k \cdot \cos(a \cdot q/2) \\ 2k \cdot \cos(a \cdot q/2) & M\omega^2 - 2k \end{vmatrix} = 0.$$

Daraus ergeben sich die möglichen Eigenfrequenzen zu

$$\omega_{\pm}{}^2 = k\left(\frac{1}{m} + \frac{1}{M}\right) \pm \left[\left(\frac{1}{m} + \frac{1}{M}\right)^2 - \frac{4}{mM} \sin^2 \frac{qa}{2}\right]^{1/2}.$$

Die möglichen q-Werte folgen aus den Randbedingungen. Wir interessieren uns für den unendlich ausgedehnten Kristall, zerlegen ihn aber aus rechentechnischen Gründen in identische Grundgebiete aus N Elementarzellen, wobei aus später ersichtlichem Grunde N gerade gewählt wird. Das bedeutet: Der Schwingungszustand der Atome mit den Nummern n und $2N + n$ soll identisch sein:

$$A\,\mathrm{e}^{-i\left(\omega t-\frac{n}{2}qa\right)} = A\,\mathrm{e}^{-i\left(\omega t-\frac{n+2N}{2}aq\right)}.$$

Daraus folgt $\exp(iNaq) = 1$ oder $naq = 2\pi p$ (p ganzzahlig) oder $q = 2\pi p/aN$.

Da ω eine periodische Funktion von q mit der Periode $2\pi/a$ ist, kann man q auf den Bereich von 0 bis $2\pi/a$ bzw. von $-\pi/a$ bis $+\pi/a$ beschränken, der als 1. Brillouin-Zone bezeichnet wird. p durchläuft dabei die Werte von $-N/2$ bis $+N/2$.

Trägt man ω als Funktion von q auf, so erhält man die sog. Phononendispersionskurven (Abb. 3–2). Charakteristisch für die zweiatomige Kette ist dabei die Frequenzlücke zwischen $\sqrt{2k/M}$ und $\sqrt{2k/m}$. In diesem Bereich existieren keine Eigenschwingungen der Kette.

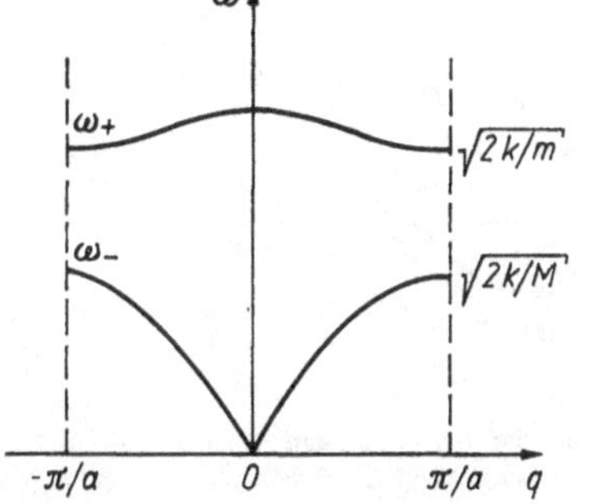

Abb. 3–2. Phononendispersionskurven $\omega(q)$ einer zweiatomigen linearen Kette aus 2 Atomsorten (ω_+: optischer Zweig, ω_-: akustischer Zweig)

Berücksichtigt man, daß $p = -N/2$ und $p = +N/2$ identische Schwingungszustände beschreiben, so ergeben sich für N Elementarzellen genau N möglich q-Werte (Wellenzahlen) und zu jeder Wellenzahl zwei Frequenzen. Anders formuliert:

Jedes Atom der Kette erzeugt genau eine Eigenfrequenz. Das Amplitudenverhältnis A/B benachbarter Atome ist für ω_- (untere Kurve von Abb. 3—3c) stets positiv, für ω_+ stets negativ, d. h. bei ω_- schwingen benachbarte Atome gleichphasig, bei ω_+ gegenphasig. Abb. 3—3 zeigt das schematisch für den (hier nicht betrachteten) Fall von transversalen Schwingungsmoden.

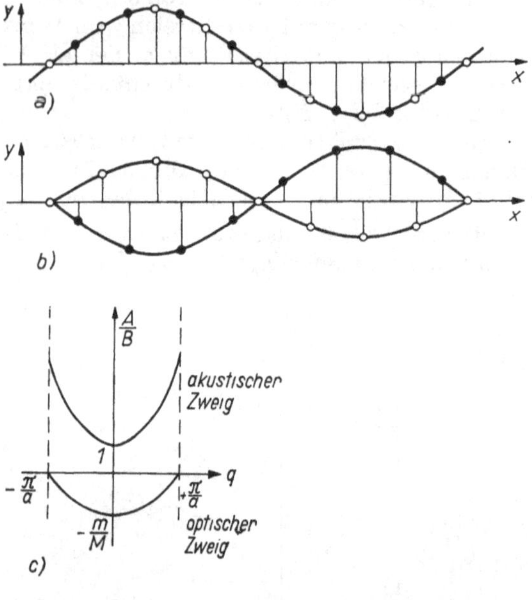

Abb. 3 – 3. Schema der Schwingungen einer zweiatomigen Kette. a) Transversal-akustische (TA) Schwingung, b) Transversal-optische (TO) Schwingung, c) Amplitudenverhältnis A/B der TA- und TO-Schwingungen. A ist die Schwingungsamplitude von m, B die von M, und es ist $M > m$ angenommen.

Sind die Gitterbausteine geladen, so erzeugt ω_+ ein variables Dipolmoment und die entsprechende Frequenz einer elektromagnetischen Welle wird stark absorbiert (vgl. Abschnitt 3.4). Deshalb wird $\omega_+(q)$ auch als optischer Zweig der Dispersionskurve bezeichnet.

Der Wellenzahl q entspricht eine Wellenlänge $\lambda = 2\pi/q$, der Wellenlängenbereich erlaubter Gitterschwingungen reicht also von $\lambda = 2a$ $(q = \pi/a)$ bis zu $\lambda = \infty$ $(q = 0)$. Letzteres bedeutet eine Schwingung der beiden starren Teilgitter gegeneinander.

In der Umgebung von $q = 0$ ist ω_- proportional zu q, d. h. es gilt $v_- = c/\lambda$ und man sieht, daß der Proportionalitätsfaktor c die Schallgeschwindigkeit für lange Wellen ist. $\omega_-(q)$ wird daher als akustischer Zweig der Dispersionskurve bezeichnet. Im allgemeinen ist die Schallgeschwindigkeit durch $\frac{d\omega}{dk}$, also durch die Steigung des akustischen Zweiges der Dispersionskurve gegeben. Erreicht die Wellenlänge die doppelte Gitterkonstante, so wird die Schallgeschwindigkeit 0, d. h. kürzere Wellenlängen können sich im Gitter nicht mehr ausbreiten. Da die Schallgeschwindigkeit in Festkörpern größenordnungsmäßig bei 10^5 cm/s, die Gitterkonstante bei 10^{-8} cm liegt, liegen die Gitterschwingungsfrequenzen in der Größenordnung von 10^{13} Hz.

Wir wollen noch kurz den Grenzfall gleicher Massen $(M = m)$ betrachten. In diesem Fall verschwindet die Frequenzlücke und der optische Zweig schließt sich unmittelbar an den akustischen Zweig an.

Handelt es sich um identische Atome, so hat das resultierende einatomige Gitter die Gitterkonstante $a_1 = a/2$. Demzufolge liegen die erlaubten q-Werte im Bereich von $-\pi/a_1$ bis $+\pi/a_1$. Es gibt dann nur einen (akustischen) Zweig mit der Frequenz

$$\omega = \omega_{\max} \sin \frac{q a_1}{2}, \qquad \text{wobei} \qquad \omega_{\max} = 2\sqrt{\frac{k}{m}}$$

ist.

3.2. Die Äquivalenz zwischen Gitterschwingungen und Phononen

Die Energie eines harmonischen Oszillators der Masse m und der Kreisfrequenz ω hat die Form

$$E = \frac{1}{2} m \left(\frac{\mathrm{d}y}{\mathrm{d}t}\right)^2 + \frac{1}{2} m \omega^2 y^2,$$

wenn y die Auslenkung aus der Ruhelage ist.

Umgekehrt gilt: läßt sich die Energie eines physikalischen Systems in dieser Weise darstellen, so können wir es unabhängig von seiner konkreten Form als harmonischen Oszillator auffassen.

Für den Fall einer einatomigen linearen Kette wollen wir zeigen, daß tatsächlich jeder Schwingungsmode ein harmonischer Oszillator entspricht.

Wir betrachten dazu stehende Wellen der Wellenzahl q, für sie gilt $x_n = A \sin nqa_1 \sin\omega_q t$ mit $\omega_q = 2\sqrt{\frac{k}{m}} \times \sin\frac{qa_1}{2}$. Die potentielle Energie dieser Welle ergibt sich aus der Bewegungsgleichung $m\ddot{x} = -\frac{\partial V}{\partial x_n} = k(x_{n-1} + x_{n+1} - 2x_n)$ durch Integration zu

$$V(x_1, \ldots, x_n, \ldots, x_N) = \frac{1}{2} k \sum_n (2x_n^2 - x_{n+1}x_n - x_n x_{n-1}).$$

Setzt man ein, so wird

$$V = \frac{1}{2} k \cdot 4A^2 \sin^2 \cdot \frac{qa_1}{2} \left(\sum_n \sin^2 nqa_1\right) \sin^2 \omega_q(t)$$

$$= \frac{1}{2} m A^2 \omega_q^2 \left(\sum_n \sin^2 nqa_1\right) \sin^2 \omega_q t.$$

Dies ist die potentielle Energie eines Oszillators mit der Frequenz ω_q und der Auslenkung

$$y = A \cdot \sqrt{\sum_n \sin^2 nqa_1} \cdot \sin \omega_q t.$$

Die zugehörige kinetische Energie muß dann

$$E_{\text{kin}} = \frac{1}{2} m \left(\frac{\mathrm{d}y}{\mathrm{d}t}\right)^2 = \frac{1}{2} m A^2 \omega_q^2 \left(\sum_n \sin^2 nqa_1\right) \cos^2 \omega_q t$$

sein. Tatsächlich läßt sich die kinetische Energie

$$E_{\text{kin}} = \frac{1}{2} m \sum_n \left(\frac{\mathrm{d}x_n}{\mathrm{d}t}\right)^2$$

in dieser Form schreiben und man erhält als Ergebnis:

Die Schwingungsmode mit der Wellenzahl q läßt sich als harmonischer Oszillator mit der Gesamtenergie

$$E = E_{\text{kin}} + V = \frac{1}{2} m A^2 \omega_.^2 \left(\sum_n \sin^2 nqa_1\right)$$

auffassen.

Quantisiert man das System, so erhält man als erlaubte Energiewerte

$$E_n = \hbar\omega_q \left(n_q + \frac{1}{2}\right) \qquad (n_q \geqq 0, \text{ganzzahlig}).$$

Die Schwingungsmode hat also mindestens die Nullpunktsenergie $\frac{1}{2}\hbar\omega_q$ und kann ihre Energie nur in Stufen (Quanten) von $\hbar\omega_q$ ändern. $\hbar\omega_q$ stellt die Einheitsanregung der Gitterschwingung dar und wird in Analogie zum Photon als Phonon (Schallquant) bezeichnet.

Ferner ergibt sich aus der Quantenmechanik, daß man einem Teilchen mit dem Impuls p eine Wellenlänge $\lambda = h/p$ zuordnen kann. Umgekehrt entspricht daher einem Schwingungsvorgang mit der Wellenlänge λ ein Impuls

$$p = h/\lambda = \hbar q.$$

Das bedeutet: *Ein Phonon mit der Energie $\hbar\omega_q$ kann als Teilchen mit dem Quasiimpuls* [1] *$\hbar q$ aufgefaßt werden.*

Da für akustische Phononen mit kleinem q die Geschwindigkeit gleich der Schallgeschwindigkeit c ist, entspricht einem derartigen Phonon ein Teilchen mit der Masse $\hbar q/c$, die größenordnungsmäßig gleich 10^{-23} g, also vergleichbar mit der Masse eines Neutrons oder Protons ($1{,}67 \cdot 10^{-24}$ g) ist. Daraus ergibt sich u. a. die Möglichkeit unelastischer Neutronenstreuung durch Gitterschwingungen (vgl. Abschnitt 3.5).

Die Amplitude einer mit einem Phonon angeregten Gitterschwingung kann man wie folgt abschätzen: Setzt man $E = \frac{3}{2}\hbar\omega_q$, so wird

$$A^2 = \frac{3\hbar}{m\omega_q} \Big/ \sum_n \sin^2 nqa_1$$

und für $q = \frac{\pi}{2a}$ erhält man $A \approx 2 \cdot 10^{-8} \frac{1}{\sqrt{N \cdot M'}}$ cm.

Die Amplitude hängt also von der Größe des Kristalls (N) und dem Atomgewicht M' ab und hat typische Werte von 10^{-5} Gitterkonstanten.

Infolge der sehr kleinen Auslenkungen überlagern sich Gitterschwingungen praktisch ungestört. Im Phononenbild bedeutet das: Wir können den Kristall näherungsweise so beschreiben, als bestehe er aus einem starren Gitter (Grundzustand), das mit einem „Gas" nicht miteinander wechselwirkender Phononen angefüllt ist. Phononen stellen damit ein erstes Beispiel für die in der Einleitung erwähnten elementaren Anregungszustände dar.

Diese Auffassung erweist sich bei der Behandlung einer Reihe physikalischer Erscheinungen als äußerst fruchtbar (Abschnitt 3.4 bis 3.7).

---

[1] q ist auf die 1. BRILLOUIN-Zone beschränkt; daher ist im Gegensatz zum Impuls $\hbar q$ nicht eindeutig (q und q + Vielfache von $2\pi/a_1$ beschreiben den gleichen Schwingungszustand) und wird als Quasiimpuls bezeichnet.

3.3. Gitterschwingungen dreidimensionaler Kristalle

Für einen dreidimensionalen Kristall kann man alle Überlegungen prinzipiell in gleicher Weise durchführen, allerdings wird der mathematische Aufwand beträchtlich größer. Als wesentliche Änderungen gegenüber dem eindimensionalen Modell ergeben sich die folgenden:

1. Die Wellenzahl q wird ein Vektor $\boldsymbol{q}$ (Ausbreitungsvektor), sein Variationsbereich (1. Brillouin-Zone) dementsprechend ein dreidimensionales Gebilde, das im Falle des einfach kubischen Gitters ein Würfel ist, und im Falle eines kubischflächenzentrierten Gitters, wie es bei vielen Metallen und Halbleitern vorliegt, die in Abb. 3–4 dargestellte Form hat.
2. Die erlaubten Eigenfrequenzen hängen von den 3 Komponenten von q, also von der Ausbreitungsrichtung

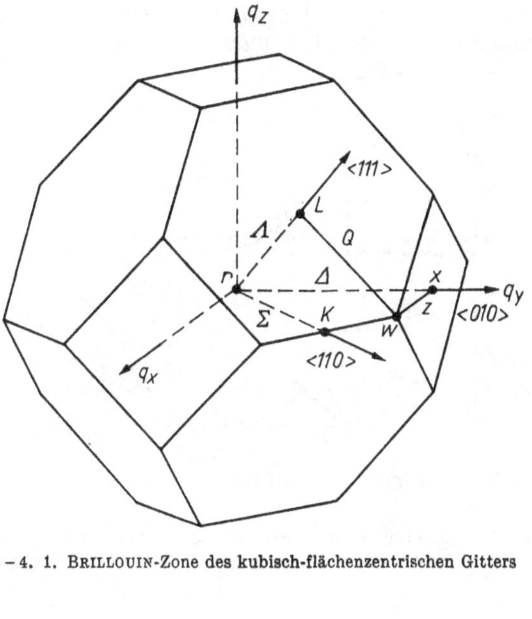

Abb. 3–4. 1. Brillouin-Zone des kubisch-flächenzentrischen Gitters

der Welle ab. Eine graphische Darstellung ist nur längs bestimmter Richtungen in der BRILLOUIN-Zone möglich (meist wählt man die 100- und die 111-Richtung).

3. Außer den in einem eindimensionalen Gitter allein möglichen longitudional-akustischen (LA-) und longitudional-optischen (LO-) Moden treten im dreidimensionalen Kristall auch transversal-akustischen (TA-) und transversal-optische (TO-) Moden auf. Dabei entsprechen jedem Atom in der Elementarzelle eine longitudionale und zwei transversale Moden. Ein Kristall mit ν Atomen/Elementarzelle hat insgesamt 1 LA, 2 TA, $(\nu-1)$ LO und $2(\nu-1)$ TO Zweige im Phononendispersionsspektrum (Abb. 3–5). Zur experimentellen Bestimmung von Phononenfrequenzen stehen als Sonden Wellen- und Teilchenstrahlen zur Verfügung. Gemessen werden Absorption und Reflexion von ultrarotem Licht, unelastische Streuung von Lichtquanten, Neutronen oder Elektronen, und Elektronenübergänge unter Beteiligung von Phononen (vgl. dazu Abschnitt 6.2).

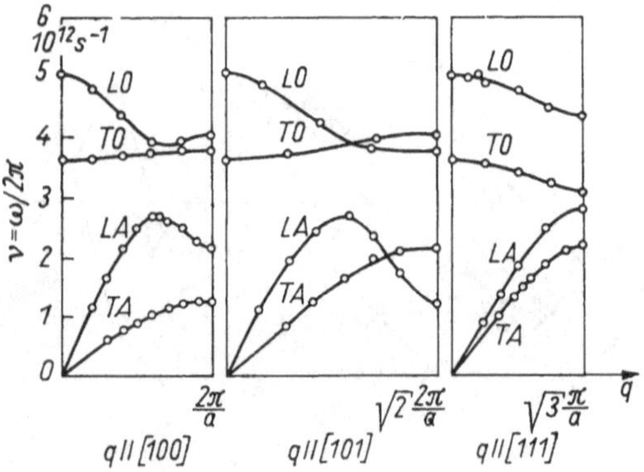

Abb. 3–5. Phononendispersionskurven von kubisch-flächenzentrierten KBr (2 Atome/Elementarzelle), gemessen mittels Neutronenstreuung

3.4. Wechselwirkung zwischen Licht und Phononen

Die Wechselwirkung zwischen Licht und Materie läßt sich am einfachsten als „Stoß“ eines Lichtquants mit der Energie $\hbar\omega_L$ und dem Impuls $\frac{\hbar\omega_L}{c_L}$ (c_L = Lichtgeschwindigkeit) mit dem Kristall beschreiben, wodurch das Gitter seinen Anregungszustand ändert, d. h. daß Phononen erzeugt oder vernichtet werden. Für diesen Prozeß müssen Energie- umd Impulssatz erfüllt sein.

3.4.1. Absorption von Licht

Im einfachsten Fall der Absorption eines Lichtquants und der dadurch bewirkten Erzeugung eines Phonons lauten Energie- und Impulssatz

$$\hbar\omega_L = \hbar\omega_q,$$

$$\frac{\hbar\omega_L}{c_L} = \hbar q_L = \hbar q.$$

Da Licht eine transversale Welle ist und ihre Wechselwirkung mit dem elektrischen Dipolmoment erfolgt, das durch die Gitterschwingung erzeugt wird, können nur transversal-optische Phononen entstehen. Ihre Frequenz hängt schwach von q ab und hat die Größenordnung 10^{13} Hz. Lichtfrequenzen von 10^{13} Hz entsprechen Wellenzahlen von 300 cm^{-1} und Wellenlängen von 200 μm, entsprechen also dem fernen ultraroten Spektralbereich.

Vergleicht man die Wellenzahl von 300 cm^{-1} mit der maximalen Wellenzahl der Phononen von $\pi/a \approx 3 \cdot 10^8$ cm^{-1}, so erkennt man, daß man in guter Näherung für die Wechselwirkung mit Lichtquanten $q = 0$ setzen kann. Dementsprechend erhält man aus Messungen der optischen Absorption durch das Gitter auch nur Informationen über die transversal-optischen Phononen bei $q = 0$, nicht jedoch über die anderen Gitterschwingungen und ihre Abhängigkeit von Ausbreitungsvektor.

3.4.2. Streuung von Licht

Für die Streuung lauten Energie- und Impulssatz

$$\hbar\omega_L = \hbar\omega_L' \pm \hbar\omega q,$$

$$\hbar \boldsymbol{k}_L = \hbar \boldsymbol{k}_L' + \hbar \boldsymbol{q};$$

dabei bedeutet das negative Vorzeichen Phononenvernichtung (Antistokessche Streuung), das positive Vorzeichen Phononenerzeugung (STOKESsche Streuung). Aus

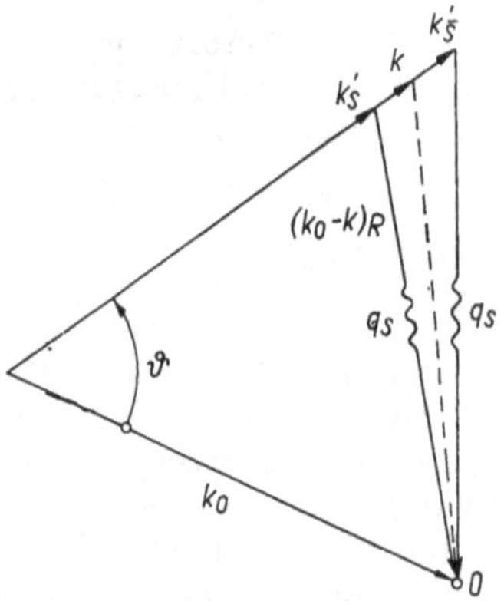

Abb. 3–6 Vektorendiagramm für die Streuung von langwelligem Licht unter dem Streuwinkel ϑ. k_0 = Wellenvektor der eingestrahlten k,k' = Wellenvektor der gestreuten Photonen. S: STOKES-, $\bar{S}$: Antistokes-, R: RAYLEIGH-Streuung. q_S = Wellenvektor des erzeugten, $q_{\bar{S}}$ des vernichteten Phonons

dem Impulssatz folgt gemäß Abb. 3–6 ein Zusammenhang zwischen dem Streuwinkel ϑ und dem Betrag des Phononenimpulses:

$$q^2 = k_L^2 + k_L'^2 - 2k_L k_L' \cos\vartheta.$$

Da die Phononenenergien viel kleiner als die Energien der Lichtquanten sind, ist $\omega_L' \approx \omega_L$ und daher wegen $\omega_L = c_L|\boldsymbol{k}_L|$ auch $k_L \approx k_L'$. Damit wird

$$q^2 \approx 2k_L^2(1 - \cos\vartheta) = 4k_L^2 \sin^2\vartheta/2,$$

$$|q| = 2k_L \sin\vartheta/2.$$

Die Wellenzahl des am Streuprozeß beteiligten Phonons variiert also in Abhängigkeit vom Streuwinkel zwischen 0 und $2k_L$; da k_L viel kleiner als die maximale Wellenzahl der Phononen ist (vgl. Abschnitt 3.4.1), spielt auch für die Lichtstreuung nur die unmittelbare Umgebung von $q = 0$ eine Rolle.

Sind optische Phononen die Streupartner, so spricht man von RAMAN-Streuung. In diesem Falle ist ω_q unabhängig von q, die Frequenzverschiebung des Lichtes hängt also nicht von ϑ ab und ist relativ groß $\left(\frac{|\omega_L' - \omega_L|}{\omega_L} = \frac{\omega_q}{\omega_L} \approx 10^{-2}\right)$, so daß sie bereits mit klassischen Lichtquellen gemessen werden kann.

Handelt es sich bei den Streupartnern um akustische Phononen, so spricht man von BRILLOUIN-Streuung. In diesem Falle ist in isotropen Kristallen $\omega_q = v \cdot q$ (v = Schallgeschwindigkeit) und es wird

$$|\omega_L' - \omega_L| = v \cdot q = 2vk_L \sin\vartheta/2 = \omega_L \cdot 2\frac{v}{c}\sin\vartheta/2.$$

Die Frequenzverschiebung hängt jetzt vom Streuwinkel ab und ist sehr klein: $\frac{\omega_L' - \omega_L}{\omega_L}$ erreicht maximal den Wert $2v/c$, was in der Größenordnung von $10^{-5} \cdots 10^{-4}$ liegt. Eine Messung ist daher nur unter Benutzung extrem monochromatischer Lichtquellen (Laser) möglich.

Sowohl bei der RAMAN- als auch bei der BRILLOUIN-Streuung treten STOKESsche und Antistokessche Linien auf. Da die nach der kurzwelligen Seite verschobenen

Antistokesschen Linien infolge Phononenvernichtung entstehen, also von einem angeregten Zustand des Kristalls ausgehen, sind sie wesentlich schwächer als die vom tiefsten Zustand ausgehenden STOKESschen Linien auf der langwelligen Seite des Erregerspektrums.

Außer den frequenzverschobenen kann man noch eine unverschobene Streulinie beobachten (RAYLEIGH-Streuung), sie wird verursacht durch elastische Streuung an Gitterstörungen, die für die Impulserhaltung sorgen.

Streuexperimente sind wichtig, weil man mit ihnen auch Schwingungsfrequenzen messen kann, die infrarotinaktiv (d. h. für Absorption verboten) sind; allerdings erhält man ebenso wie bei der Absorption nur Informationen über die unmittelbare Umgebung von $q = 0$.

3.5. *Unelastische Streuung von Neutronen*

Im Abschnitt 1.2.2 hatten wir die Beugung monoenergetischer Neutronen als Methode zur Strukturuntersuchung von Festkörpern kennengelernt. Dabei wurde stillschweigend vorausgesetzt, daß die Wellenlänge der gebeugten gleich der der einfallenden Strahlen ist. Dem entspricht im Teilchenbild eine elastische Streuung der Neutronen.

Außerdem ist jedoch auch eine unelastische Streuung möglich, bei der sich Impuls $\hbar \boldsymbol{k}_0$ und Energie $\hbar \omega_0$ des Neutrons (und damit seine Wellenlänge) ändern. Diese unelastische Streuung läßt sich als Stoß auffassen, bei dem ein Phonon mit der Energie $\hbar \omega_q$ und dem Impuls $\hbar \boldsymbol{q}$ entweder erzeugt oder vernichtet wird. Energie- und Impulssatz für diesen Prozeß lauten:

$$\hbar \omega_0 - \hbar \omega = \pm \hbar \omega_q,$$

$$\boldsymbol{k}_0 - \boldsymbol{k} = \pm \boldsymbol{q} + \boldsymbol{k}.$$

Das positive Vorzeichen entspricht der Emission, das negative der Absorption (Vernichtung) eines Phonons.

$\boldsymbol{k}$ ist gleich 0 oder gleich einem Vektor aus dem reziproken Gitter (im eindimensionalen Fall ein ganzzahliges Vielfaches von $2\pi/a$); sein Auftreten entspricht der Tatsache, daß die $\boldsymbol{q}$-Werte auf die 1. Brillouin-Zone beschränkt sind, die Impulsänderung $\boldsymbol{k}_0 - \boldsymbol{k}$ jedoch nicht. Prozesse, bei denen $\boldsymbol{k} = 0$ ist, werden als N-(Normal-), solche, bei denen $\boldsymbol{k} \neq 0$ ist, als U- (Umklapp-)-Prozesse bezeichnet.

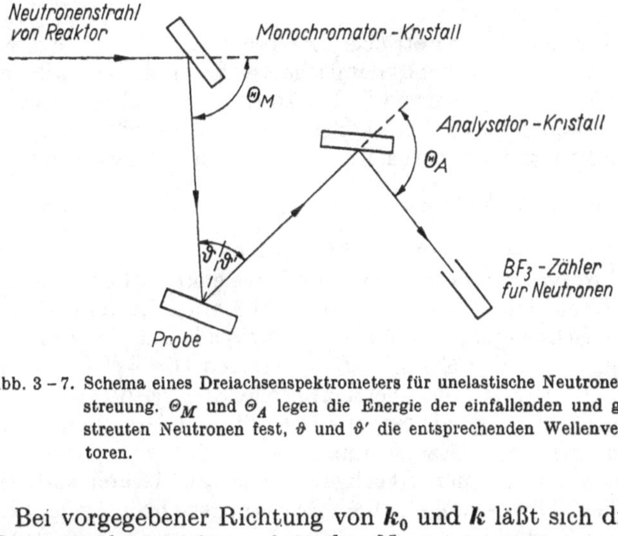

Abb. 3–7. Schema eines Dreiachsenspektrometers für unelastische Neutronenstreuung. Θ_M und Θ_A legen die Energie der einfallenden und gestreuten Neutronen fest, ϑ und ϑ' die entsprechenden Wellenvektoren.

Bei vorgegebener Richtung von $\boldsymbol{k}_0$ und $\boldsymbol{k}$ läßt sich die Energieänderung $\hbar\omega - \hbar\omega_0$ des Neutrons messen und damit $\hbar\omega_q$ als Funktion von $\boldsymbol{q}$ experimentell ermitteln (nicht nur wie mittels optischer Absorption der Wert bei $\boldsymbol{q} = 0$!).

Der technische Aufwand für derartige Messungen ist allerdings sehr hoch. Als intensive Neutronenquelle kommt nur ein Kernreaktor in Frage. Um ferner $\boldsymbol{k}_0$ und $\boldsymbol{k}$ frei wählen zu können, benutzt man ein sog. Dreiachsen-Spektrometer für Neutronen (Abb. 3–7). Der Monochromatorkristall dient zur Festlegung der Neutronenenergie $\hbar\omega_0$ (Reflexion unter einem BRAGGschen Winkel!). Mittels des Analysatorkristalls wird die Energie $\hbar\omega$ der gestreuten Neutronen bestimmt. ψ und φ legen die Richtungen $\boldsymbol{k}_0$ und $\boldsymbol{k}$ fest.

Abb. 3–5 zeigt die auf diese Weise gemessenen Phononendispersionskurven von KBr.

3.6. Spezifische Wärme

Die einer theoretischen Betrachtung am leichtesten zugängliche thermodynamische Größe eines Kristalls ist die spezifische Wärme C_v bei konstantem Volumen (d. h. bei konstanter Gitterkonstante). Sie ergibt sich als Ableitung der inneren Energie nach der Temperatur bei konstantem Volumen: $C_v = \left.\frac{\partial U}{\partial T}\right|_v$.

Wir beschränken uns hier auf den durch die Gitterschwingungen erzeugten Anteil der spezifischen Wärme.

Nach den Betrachtungen in Abschnitt 3.2 und 3.3 ist die Schwingungsenergie eines Kristalls aus N Atomen äquivalent der Energie eines Systems von $3N$ harmonischen Oszillatoren. Die thermische Energie des Kristalls ergibt sich also als Summe über die mittlere thermische Energie dieser Oszillatoren.

Im thermischen Gleichgewicht ist auf Grund statistischer Überlegungen die Besetzungswahrscheinlichkeit eines Zustandes mit der Energie ε proportional zu $e^{-\varepsilon/kT}$. Daraus erhält man die mittlere thermische Energie eines Oszillators mit den Energieniveaus $\varepsilon = \hbar\omega_q\left(n + \frac{1}{2}\right)$ zu

$$\bar{\varepsilon} = \frac{\sum\limits_{n=0}^{\infty} \hbar\omega_q\left(n + \frac{1}{2}\right) e^{-\hbar\omega_q\left(n+\frac{1}{2}\right)/kT}}{\sum\limits_{n=0}^{\infty} e^{-\hbar\omega_q\left(n+\frac{1}{2}\right)/kT}}$$

$$= -\frac{\partial}{\partial\left(\frac{1}{kT}\right)} \ln \sum_{n=0}^{\infty} e^{-\hbar\omega_q\left(n+\frac{1}{2}\right)/kT}$$

$$= -\frac{\partial}{\partial\left(\frac{1}{kT}\right)} \ln\left[\frac{e^{-\hbar\omega_q/2kT}}{1-e^{-\hbar\omega_q/kT}}\right]$$

$$= \hbar\omega_q\left\{\frac{1}{2}+\frac{1}{e^{\hbar\omega_q/kT-1}}\right\}.$$

Demgegenüber ist nach klassischen Überlegungen (Energie als kontinuierlich veränderliche Größe betrachtet) die mittlere Energie $\bar{\varepsilon} = \int_0^\infty \varepsilon\, e^{-\varepsilon/kT}\, d\varepsilon / \int_0^\infty e^{-\varepsilon/kT}\, d\varepsilon = kT$ unabhängig von der Frequenz des Oszillators (Gleichverteilungssatz).

Für die innere Energie eines Mols ergibt sich

$$U = \frac{1}{2}\sum_{1}^{3\nu L}\hbar\omega_q + \sum_{1}^{3\nu L}\frac{\hbar\omega_q}{e^{-\hbar\omega_q/kT-1}}$$

(L — AVOGADRO-Konstante, ν = Zahl der Atome/Elementarzelle). Der erste Term, die Nullpunktsenergie $U_0 = \frac{1}{2}\sum_{1}^{3\nu L}\hbar\omega_v$, ist temperaturunabhängig und trägt nichts zur spezifischen Wärme bei. Der temperaturabhängige zweite Term U_1, der für die spezifische Wärme verantwortlich ist, hängt vom Frequenzspektrum $\omega(q)$ ab. Da dessen Verlauf sehr kompliziert ist, werden im folgendem mehr oder weniger grobe Näherungen benutzt.

Die einfachste Näherung besteht darin, allen 3ν L Oszillatoren die gleiche mittlere Frequenz $\bar{\omega}$ zuzuordnen (Theorie von EINSTEIN). Man erhält dann

$$U_1 = \frac{3\nu L\hbar\bar{\omega}}{e^{\hbar\bar{\omega}/kT}-1}$$

und

$$C_v = 3\nu L k \left(\frac{\hbar\bar{\omega}}{kT}\right)^2 \frac{e^{\hbar\bar{\omega}/kT}}{(e^{\hbar\bar{\omega}/kT} - 1)^2}$$

(s. Abb. 3—8).

Bei hohen Temperaturen ($\hbar\bar{\omega} \ll kT$) nähert sich C_v dem Wert $C_v^\infty = 3\nu Lk = 3\nu R$, d. h., es gilt die experimentell zumindest bei Metallen gut bestätigte DULONG-PETITsche Regel. Dieses Ergebnis folgt auch sofort aus dem Gleichverteilungssatz der klassischen Statistik, der für einen linearen Oszillator als mittlere Energie $\bar{\varepsilon} = kT$ ergibt (vgl. S. 71). Dagegen gilt für tiefe Temperaturen ($\hbar\omega \gg kT$) näherungsweise

$$C_v = 3\nu R \left(\frac{\hbar\bar{\omega}}{kT}\right)^2 e^{-\hbar\bar{\omega}/kT}.$$

Diese Kurve weicht stark von der experimentell beobachteten Proportionalität von C_v zu T^3 ab.

Besser mit dem Experiment übereinstimmende Ergebnisse sind nur zu erwarten, wenn man die Frequenzverteilung berücksichtigt. Zur Berechnung ersetzt man in U_1 die Summe durch ein Integral:

$$U_1 = \int_0^{\omega_{max}} \frac{\hbar\omega_q Z(\hbar\omega_q) d\omega_q}{(e^{\hbar\omega_q/kT} - 1)}.$$

Dabei gibt $Z(\omega_q)\, d\omega_q$ die Zahl der Eigenfrequenzen im Intervall zwischen ω_q und $\omega_q + d\omega_q$ an. Diese Größe läßt sich aus den Phononendispersionskurven $\omega(q)$ berechnen.

Häufig wird dazu die DEBYEsche Näherung benutzt, die von folgenden Annahmen Gebrauch macht:

1. Die an sich nur für kleine q-Werte gültige Beziehung $\omega = c \cdot |q|$ soll für alle q-Werte gelten. c ist dabei eine über die verschiedenen Ausbreitungs- und Polarisationsrichtungen gemittelte Schallgeschwindigkeit.

Diese Näherung ist nur für die akustischen Zweige befriedigend, daher werden im folgenden nur Festkörper mit einem Atom/Elementarzelle betrachtet.

2. Die BRILLOUIN-Zone mit dem Volumen $(2\pi)^3/V_{EZ}$ wird durch eine volumengleiche Kugel mit dem Rauminhalt $\frac{4\pi}{3} q_{max}^3$ ersetzt (DEBYE-Kugel). Daraus ergibt sich als obere Grenzfrequenz der Gitterschwingungen

$$\omega_{max} = c \cdot q_{max} = 2\pi c \sqrt[3]{\frac{3}{4\pi V_{EZ}}}.$$

Aus diesen Annahmen folgt, daß Frequenzen, die zu q-Werten mit gleichem Abstand vom Mittelpunkt der DEBYE-Kugel gehören, gleich sind. Daher ist die Zahl der Frequenzen zwischen ω und $\omega + \mathrm{d}\omega$ proportional zum Volumen $4\pi q^2 \, \mathrm{d}q$ einer Kugelschale der Dicke $\mathrm{d}q$:

$$Z(\omega)\mathrm{d}\omega = 4\pi q^3 \mathrm{d}q \cdot \frac{3L}{\frac{4\pi}{3} q_{max}^3} = 9L \cdot \frac{\omega^2 \mathrm{d}\omega}{\omega_{max}^3}.$$

(Der Proportionalitätsfaktor ergibt sich daraus, daß in der gesamten DEBYE-Kugel $3L$ q-Werte gleichmäßig verteilt liegen). Damit wird

$$U_1 = \int_0^{\omega_{max}} \frac{9L\hbar\omega^3 \,\mathrm{d}\omega}{\omega_{max}^3 (\mathrm{e}^{\hbar\omega/kT} - 1)} = 9L \cdot \frac{k^4 T^4}{\hbar^3 \omega_{max}^3} \int_0^{\hbar\omega_{max}/kT} \frac{x^3 \,\mathrm{d}x}{\mathrm{e}^x - 1},$$

$$C_v = \frac{\partial U_1}{\partial T} = \int_0^{\omega_{max}} \frac{9L\hbar\,\hbar\,\omega^2 \mathrm{e}^{\hbar\omega/kT} \,\mathrm{d}\omega}{\omega_{max}^2 \, kT^2 \, (\mathrm{e}^{\hbar\omega/kT} - 1)^2}$$

$$= 3R \cdot 3 \left(\frac{kT}{\hbar\omega_{max}}\right)^3 \int_0^{\hbar\omega_{max}/kT} \frac{x^4 \mathrm{e}^x \,\mathrm{d}x}{(\mathrm{e}^x - 1)^2} = 3R \cdot F_D\left(\frac{T}{\Theta}\right).$$

Die Größe $\Theta = \frac{\hbar\,\omega_{\max}}{k}$ hat die Dimension einer Temperatur und wird als DEBYE-Temperatur bezeichnet. Sie liegt in der Größenordnung von 100 K bis 400 K, bei sehr leichten Elementen auch darüber. Die DEBYE-Funktion

$$F_D = 3\left(\frac{T}{\Theta}\right)^3 \int\limits_0^{\Theta/T} \frac{x^4\,e^x\,dx}{(e^x-1)^2}$$

kann für $T \ll \Theta$ durch $\frac{4\pi^4}{5}\left(\frac{T}{\Theta}\right)^3$ approximiert werden und nähert sich für hohe Temperaturen ($T \gg \Theta$) dem

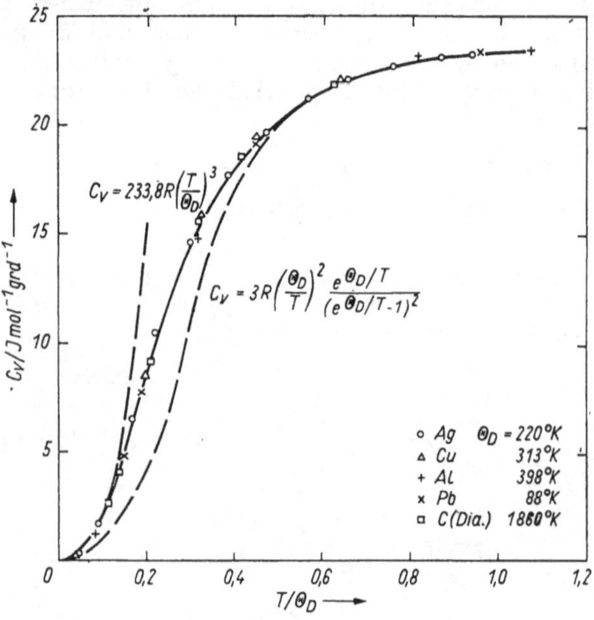

Abb. 3 – 8. Molwärme C_v als Funktion von $\frac{T}{\Theta}$ und Meßergebnisse. Gestrichelt ist der Verlauf der EINSTEIN-Funktion und des T^3-Gesetzes eingezeichnet

Wert 1. Daher ergibt sich für hohe Temperaturen wieder die DULONG-PETITsche Regel und für tiefe Temperaturen die Proportionalität von C_v mit T^3. Darüber hinaus besteht auch bei mittleren Temperaturen ($\hbar\bar{\omega} \approx kT$) gute Übereinstimmung zwischen Theorie und Experiment (vgl. Abb. 3–8).

3.7. *Wärmeleitung und Phonon-Phonon-Wechselwirkung*

Die Wärmeleitung im Festkörper setzt sich aus einem elektronischen und einem durch Gitterschwingungen bedingten Anteil zusammen. Der elektronische Anteil ist bei Metallen wichtig und wird später diskutiert. In diesem Abschnitt behandeln wir die durch Phononen bewirkte Gitterwärmeleitfähigkeit.

Makroskopisch läßt sich die Wärmeleitung durch die Transportgleichung

$$j_{th} = -K \frac{\partial T}{\partial x}$$

beschreiben. Die Wärmestromdichte j_{th} ist proportional zum Temperaturgradienten. Die Konstante K läßt sich mittels kinetischer Überlegungen berechnen. Jedes Phonon transportiert die Energie $\hbar\omega$ mit Schallgeschwindigkeit. Da die Zahl der verfügbaren Phononen mit wachsender Temperatur zunimmt, wird mehr Energie von Orten mit hoher Temperatur zu solchen mit niedriger Temperatur transportiert als umgekehrt.

Nehmen wir wie bisher an, daß keine Wechselwirkungen zwischen den Phononen auftreten, so würde sich die Wärme mit Schallgeschwindigkeit durch den Kristall ausbreiten, die Wärmeleitfähigkeit wäre praktisch unendlich groß.

Zur Erklärung des tatsächlich beobachteten endlichen Wertes der Wärmeleitfähigkeit ist es notwendig, Wechselwirkungen der Phononen untereinander, also Phonon-Phonon-Streuung, zu berücksichtigen. Dabei sind für den Wärmewiderstand diejenigen Streuprozesse wichtig, bei denen die Impulsrichtung umgekehrt wird. Als Beispiel betrachten wir wieder das eindimensionale Gitter. Es stoße ein Phonon mit dem Quasiimpuls q_1 unelastisch mit einem Phonon mit dem Quasiimpuls q_2 zusammen. Da bei diesem Prozeß der Impuls erhalten bleibt, hat das entstehende Phonon den Impuls $q_1 + q_2$. Sind q_1 und q_2 groß genug, so liegt $q_1 + q_2$ außerhalb der 1. BRILLOUIN-Zone und ist deshalb äquivalent zu $q_3 = q_1 + q_2 - 2\pi/a$ (Abb. 3–9). Bei einem solchen Streuprozeß (Umklappprozeß) wird also tatsächlich die Ausbreitungsrichtung des Phonons umgekehrt. Als Ergebnis erhält man eine endliche mittlere freie Weglänge λ der Phononen, die gleich dem Produkt aus ihrer Geschwindigkeit c und der mittleren freien Flugzeit τ ist: $\lambda = c\tau$.

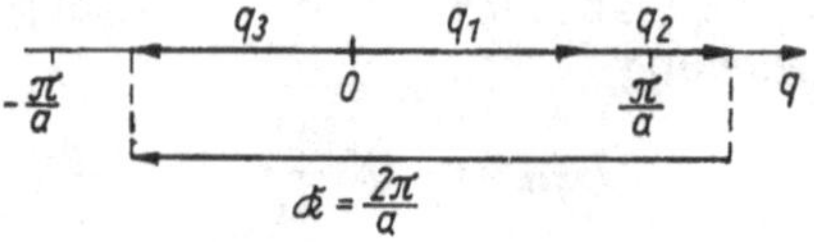

Abb. 3–9. Zum Umklappprozeß bei der Phonon-Phonon-Streuung

Die freie Flugzeit τ ist umgekehrt proportional zur Anzahl der verfügbaren Stoßpartner, die Umklappprozesse bewirken. Dies sind vor allem Phononen mit großen q-Werten ($q \approx q_{\max}$), deren Energie in grober Näherung gleich $k\Theta/2$ ist (Θ DEBYE-Temperatur).

Da die mittlere Energie, mit der eine Gitterschwingung angeregt wird, gleich $\bar{\varepsilon} = \hbar\omega_q/(e^{\hbar\omega_q/kT} - 1)$ ist, die Energie eines Phonons dagegen gleich $\hbar\omega_q$, ergibt sich die Zahl der verfügbaren Stoßpartner zu $\bar{n} = \dfrac{3\nu L}{e^{\Theta/2T} - 1}$. Damit wird $\lambda \sim (e^{\Theta/2T} - 1)$. Unter Berücksichtigung der mittleren freien Weglänge λ läßt sich die Wärmeleitungskonstante K wie folgt berechnen: In x-Richtung herrsche in dem betrachteten Körper ein Temperaturgefälle. Dann bewegen sich durch einen gedachten Querschnitt von 1 cm² senkrecht zur Ausbreitungsrichtung an der Stelle x von links nach rechts $\frac{1}{6} c \bar{n}(x - \lambda)$ Phononen, von rechts nach links dagegen $\frac{1}{6} c \bar{n}(x + \lambda)$ Phononen, da im Mittel die Phononen eine mittlere freie Weglänge vor dem betrachteten Querschnitt entstanden sind. Der Faktor 1/6 berücksichtigt, daß sich im statistischen Mittel 1/6 der Phononen in einer vorgegebenen Richtung bewegen. Die Netto-Wärmestromdichte durch den betrachteten Querschnitt beträgt also, da jedes Phonon die Energie $\hbar\omega$ transportiert

$$j_{th} = \frac{1}{6} c \cdot \hbar\omega [\bar{n}(x - \lambda) - \bar{n}(x - \lambda)]$$

$$= -\frac{1}{3} c\hbar\omega \frac{\partial \bar{n}}{\partial x} \cdot \lambda = -\frac{1}{3} c\hbar\omega l \frac{\partial \bar{n}}{\partial T} \frac{\partial T}{\partial x}.$$

$\bar{n}(x)$ ist die Zahl der im thermischen Gleichgewicht im Mittel vorhandenen Phononen, $\bar{n}\hbar\omega$ also die thermische Energie des Kristalls und $\frac{\partial}{\partial T}(\bar{n}\hbar\omega)$ demzufolge die spezifische Wärme c_v des Kristalls, bezogen auf 1 cm³. Damit wird

$$K = \frac{1}{3} c\lambda c_v \sim (e^{\Theta/2T} - 1) \cdot F_D\left(\frac{T}{\Theta}\right).$$

Die Temperaturabhängigkeit von K ist also durch die Temperaturabhängigkeit der spezifischen Wärme und der mittleren freien Weglänge gegeben. Bei hohen Temperaturen ist $c_v = \text{const}$ und $\lambda \sim \frac{1}{T}$, daher wird $K \sim \frac{1}{T}$. Bei tiefen Temperaturen ist $c_v \sim T^3$ und λ, soweit durch Phonon-Phonon-Streuung bedingt, proportional zu $e^{\Theta/2T}$, würde also sehr groß. Allerdings wird infolge der Streuung der Phononen an Störstellen, Versetzungen und an den Begrenzungen des Kristalls λ bei sehr tiefen Temperaturen wesentlich kleiner als dieser Wert und temperaturunabhängig (die obere Grenze ist durch die Abmessungen des Kristalls gegeben). Damit ergibt sich in der Abb. 3—10 gezeigte schematische Verlauf von K : $K \sim T^3$ bei tiefen Temperaturen und $\sim 1/T$ bei hohen Temperaturen.

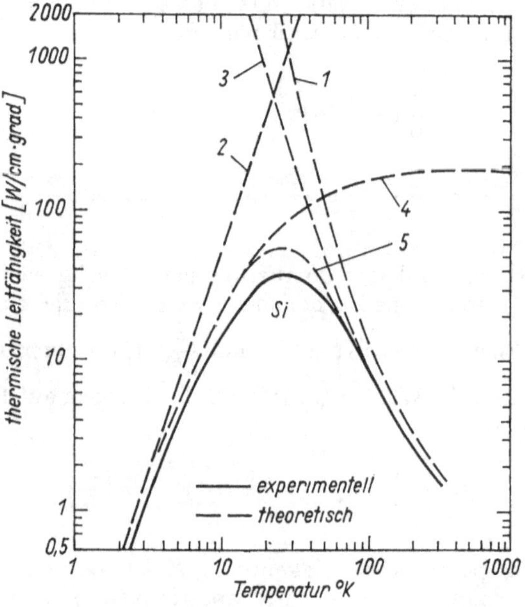

Abb. 3 – 10. Temperaturabhängigkeit der thermischen Leitfähigkeit für Si. Außer den im Text erwähnten Streumechanismen wurde auch noch die Streuung infolge der statischen Verteilung der Si-Isotope berücksichtigt.

(1) Umklapp-Streuung, (2) Grenzflächenstreuung, (3) Umklapp- und Isotopenstreuung, (4) Grenzflächen- und Isotopenstreuung, (5) Umklapp-, Grenzflächen- und Isotopenstreuung

4. Dielektrische Eigenschaften

Bringt man einen Isolator zwischen die Platten eines Kondensators, so erhöht sich seine Kapazität auf das ε-fache, ε wird als Dielektrizitätskonstante (DK) des Stoffes bezeichnet. Ursache für die Kapazitätserhöhung ist die Polarisation P des Stoffes, durch die die dielektrische Verschiebung D von ihrem Vakuumwert $D_0 = \lambda_0 E$ auf $D = \varepsilon\varepsilon_0 E = \varepsilon_0 E + P$ (E = elektrische Feldstärke) erhöht wird.[1])

P setzt sich im allgemeinen aus 3 Anteilen zusammen:

1. der elektronischen Polarisation P_e, die durch Verschiebung der Elektronenhüllen der Gitterbausteine relativ zu den Kernen entsteht,
2. der Ionenpolarisation P_i, die durch Verschiebung entgegengesetzt geladener Ionen gegeneinander entsteht,
3. der Orientierungspolarisation P_o, die durch das Ausrichten permanenter elektrischer Dipolmomente im Feld verursacht wird.

Die Orientierungspolarisation ist an das Vorhandensein beweglicher polarer Atomgruppen gebunden und tritt in Molekülkristallen als stark temperaturabhängiger Anteil der Polarisation auf, sie wird im folgenden nicht betrachtet (die rechnerische Behandlung ist die gleiche wie in Gasen und Flüssigkeiten).

4.1. Statische Dielektrizitätskonstante und inneres Feld

Für die folgenden Überlegungen wird ein Ionenkristall aus zwei Atomsorten zugrundegelegt. Sieht man zunächst von der Wechselwirkung der Gitterbausteine

---

[1]) D, E und P sind eigentlich Vektoren, ε demzufolge ein Tensor 2. Stufe. Wir betrachten hier jedoch nur kubische Stoffe, die eine isotrope DK haben und behandeln deshalb D, E und P als Skalare.

ab, so ergibt sich die elektronische Polarisation zu $P_e = (\alpha_e^+ + \alpha_e^-)EN$ ($\alpha_e^\pm$ elektronische Polarisierbarkeit der positiven bzw. negativen Ionen, N Zahl der Elementarzellen in der Volumeneinheit), die ionische Polarisation zu $P_i = q_i x N$ (q_i Ladung eines Ions).

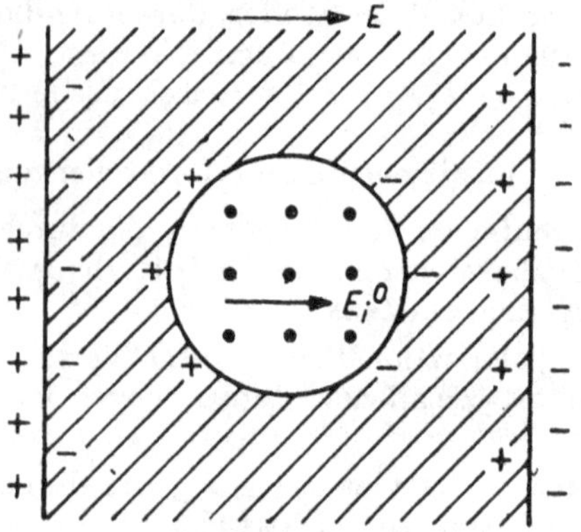

Abb. 4 – 1. Zum inneren Feld in einem Dielektrikum

Die Verschiebung x beider Teilgitter unter dem Einfluß der elektrischen Feldstärke ergibt sich aus der Gleichgewichtsbedingung $q_i E = f x$, wobei $f = \frac{\partial^2 U}{\partial x^2}$ die Kraftkonstante[1]) für die rücktreibenden elastischen Kräfte (s. Abschn. 2.1). ist. Aus diesen Gleichungen ergibt sich

$$\varepsilon_0(\varepsilon - 1) = \frac{P}{E} = N\left(\alpha_e^+ + \alpha_e^- + \frac{q_i^2}{f}\right).$$

In Festkörpern muß jedoch die Wechselwirkung der Gitterbausteine berücksichtigt werden. Infolgedessen unterliegt jedes Teilchen nicht dem Einfluß des äußeren

[1]) Hier wird abweichend von Abschnitt 2.1 die Kraftkonstante mit f bezeichnet.

Feldes E, sondern des sog. inneren Feldes E_i, das sich wesentlich von E unterscheiden kann. Nach dem Vorgehen von H. A. LORENTZ kann man E_i wie folgt berechnen. Man denkt sich um den Ort, an dem E_i zu berechnen ist, eine Kugel aus dem Dielektrikum entfernt (s. Abb. 4–1), die groß so ist, daß man außerhalb derselben das Dielektrikum als Kontinuum mit der DK ε betrachten kann, während innerhalb die atomare Struktur zu berücksichtigen ist. E_i setzt sich dann aus der Feldstärke E_i° der leeren Kugel und aus dem Feld E_i^d der atomaren Dipole innerhalb der Kugel zusammen.

Die Berechnung des Feldes in der leeren Kugel ist ein einfaches elektrostatisches Problem, man erhält das sog. LORENTZ-Feld

$$E_i^0 = E + \frac{1}{3\varepsilon_0} P = E + \frac{1}{3} (\varepsilon - 1) E = \frac{\varepsilon + 2}{3} E.$$

E_i^d ist für viele kubische Gitter (aber keineswegs immer!) gleich Null, in diesem Fall wird also

$$P = N\left(\alpha_e^+ + \alpha_e^- + \frac{q_i^2}{f}\right) E_i = N\left(\alpha_e^+ + \alpha_e^- + \frac{q_i^2}{f}\right) \frac{\varepsilon + 2}{3} E$$

oder

$$\frac{\varepsilon - 1}{\varepsilon + 2} = \frac{1}{3\varepsilon_0} N\left(\alpha_e^+ + \alpha_e^- + \frac{q_i^2}{f}\right).$$

(ohne den Term $\frac{q_i^2}{f}$ der Ionenpolarisation wird diese Gleichung als CLAUSIUS-MOSOTTI-Gleichung bezeichnet).

4.2. Frequenzabhängigkeit der Dielektrizitätskonstante

Unterwirft man ein Dielektrikum der Einwirkung eines elektrischen Wechselfeldes $E = E_0 \cos \omega t$, so ist D im allgemeinen um den Phasenwinkel δ dagegen verschoben:

$$D = D_0 \cos(\omega t - \delta) = D_1 \cos \omega t + D_2 \sin \omega t$$

mit $D_1 = D_0 \cos \delta$ und $D_2 = D_0 \sin \delta$.
Faßt man D und E als komplexe Größen auf, so kann man dies auch in der Form

$$D = \varepsilon_0 \varepsilon^* E_0 e^{i\omega t}$$

mit der komplexen DK $\varepsilon^* = \varepsilon' - i\varepsilon''$ schreiben, dabei sind $\varepsilon' = \frac{D_1}{E_0}$ und $\varepsilon'' = \frac{D_2}{E_0}$ im allgemeinen frequenzabhängig. Die im Dielektrikum umgesetzte Leistungsdichte ergibt sich zu

$$w = \frac{\omega}{2\pi} \int_0^{2\pi/\omega} i \cdot E \, dt.$$

Setzt man für i die Verschiebungsstromdichte

$$\frac{dD}{dt} = -D_1 \omega \sin \omega t + D_2 \omega \cos \omega t$$

ein, so ergibt sich $w = \frac{\varepsilon_0 \varepsilon''}{2} \omega E_0^2$ proportional zu ε''. Die umgesetzte Leistungsdichte ist also proportional zu $\sin \delta$. Da bei kleinen δ-Werten $\sin \delta \approx \tan \delta$ ist, wird $\tan \delta = \varepsilon''/\varepsilon'$ als Verlustfaktor, δ selbst als Verlustwinkel bezeichnet.

Modellmäßig läßt sich die Frequenzabhängigkeit von ε' und ε'' mit der Annahme elastisch gebundener Teilchen der Masse m und der Ladung q deuten, die auch zur Erklärung der Gitterschwingungen und der statischen DK benutzt wurde. Unter der Einwirkung des elektrischen Wechselfeldes ergibt sich für die Auslenkung x eines Ions die Differentialgleichung

$$m \frac{d^2x}{dt^2} + m\gamma \frac{dx}{dt} + m\omega_0^2 x = qE_0 e^{i\omega t},$$

wobei $\omega_0 = \sqrt{\frac{f}{m}}$ und γ eine Dämpfungskonstante ist. (Die Dämpfung wird durch die Emission elektromagentischer Strahlung infolge der beschleunigten Bewegung des Teilchens und durch anharmonische Prozesse hervorgerufen; sie entspricht einer endlichen Lebensdauer der Phononen).

Als Lösung ergibt sich eine gedämpfte erzwungene Schwingung

$$x(t) = \frac{q}{m} \frac{E_0 e^{i\omega t}}{\omega_0^2 - \omega^2 + i\gamma\omega}$$

und daraus eine frequenzabhängige komplexe Polarisierbarkeit

$$\alpha^* = \frac{qx}{E} = \frac{q^2}{m} \frac{1}{\omega_0^2 - \omega^2 + i\gamma\omega}.$$

Setzt man die aus der CLAUSIUS-MOSOTTIschen Gleichung folgende Beziehung

$$\varepsilon = 1 + \frac{N}{\varepsilon_0} \frac{1}{\frac{1}{\alpha} - N/3\varepsilon_0}$$

(α steht für $\alpha_e^+ + \alpha_e^- + qe^2/f$, wir berücksichtigen davon jedoch zunächst nur einen Term) ein, so wird

$$\varepsilon^* = 1 + \frac{Nq^2}{\varepsilon_0 m} \frac{1}{\omega_0^2 - \omega^2 + i\gamma\omega - Nq^2/3\varepsilon_0 m},$$

$$\varepsilon'(\omega) = 1 + \frac{Nq^2}{\varepsilon_0 m} \frac{(\omega_0^2 - \omega^2 - Nq^2/3\varepsilon_0 m)}{(\omega_0^2 - \omega^2 - Nq^2/3\varepsilon_0 m)^2 + \gamma^2\omega^2};$$

$$\varepsilon'(0) = \varepsilon_{\text{stat}} = 1 + \frac{N}{\varepsilon_0} \frac{q^2}{m} \cdot \frac{1}{\frac{1}{\alpha} - \frac{N}{3\varepsilon_0}},$$

$$\varepsilon''(\omega) = \frac{Nq^2}{\varepsilon_0 m} \frac{\gamma\omega}{(\omega_0^2 - \omega^2 - Nq^2/3\varepsilon_0 m)^2 + \gamma^2 m^2},$$

mit dem in Abb. 4–2 dargestellten charakteristischen Verlauf in der Nähe der Resonantzfrequenz ω_0. Es ist zu beachten, daß durch das innere Feld die „elektrische" Resonanzfrequenz gegenüber der mechanischen Resonanzfrequenz nach niedrigeren Frequenzen verschoben ist.

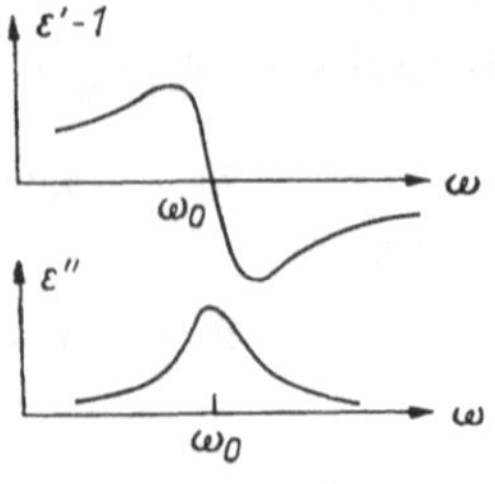

Abb. 4–2. Frequenzabhängigkeit von ε' und ε'' in der Nähe einer Resonanzfrequenz $\omega_R = \sqrt{\omega_0^2 - \frac{N q_z}{3\varepsilon_0}}$

Identifiziert man die betrachteten Teilchen als Elektronen, so liegt die Resonanzfrequenz $\nu_0 = \frac{\omega_0}{2\pi}$ bei 10^{15} Hz im ultravioletten Spektralbereich. Für die elektronische Polarisierbarkeit erhält man daraus Werte in der Größenordnung von 10^{-40} Asm²/V, die gut mit experimentell aus dem Brechungsindex von Gasen ermittelten Werten übereinstimmen.

Demgegenüber liegen die Resonanzfrequenzen der Ionen bei 10^{13} Hz (vgl. Abschn. 3.1), also im ultraroten Spektralbereich. Die Polarisierbarkeiten betragen auch hier größenordnungsmäßig 10^{-40} Asm²/V.

Entsprechend diesen beiden Resonanzfrequenzen hat im Ionenkristall $\varepsilon'(\omega)$ den in Abb. 4–3 schematisch am Beispiel des GaAs dargestellten Verlauf. ε' und ε'' sind nicht unabhängig voneinander, sondern durch eine sog. Dispersionsbeziehung (KRAMERS-KRONIG-Relation)

$$\varepsilon(\omega') - 1 = \frac{2}{\pi} \int_0^\infty \frac{\omega' \varepsilon''(\omega')}{\omega'^2 - \omega^2} \, d\omega'$$

miteinander verknüpft. Ist daher ε'' im gesamten Spektralbereich bekannt, so läßt sich ε' daraus berechnen.

Bis zu Frequenzen von einigen 100 MHz lassen sich ε' und ε'' aus Kapazität und Verlustwinkel eines Kondensators mit dem betreffenden Stoff als Dielektrikum mit Hilfe von Meßbrücken bestimmen. Im Bereich von 10^9 Hz bis 10^{11} Hz (Wellenlängen von 30 cm bis 3 mm) wird der Stoff an eine geeignete Stelle eines Hohlraumresonators gebracht und die komplexe DK aus der Änderung von Resonanzfrequenz und Dämpfung ermittelt.

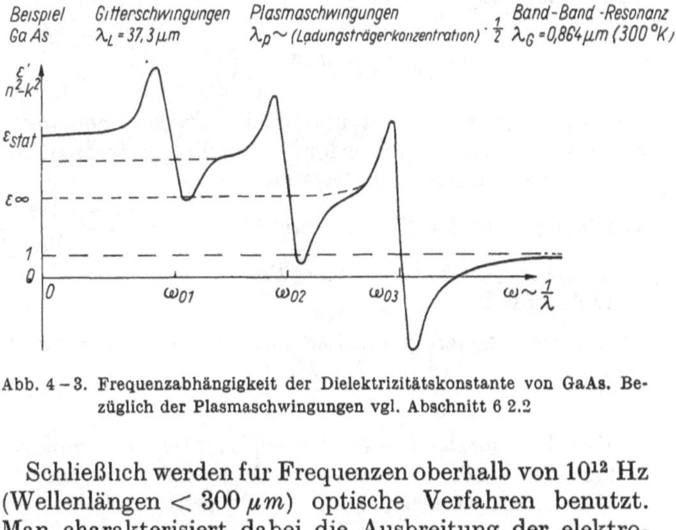

Abb. 4–3. Frequenzabhängigkeit der Dielektrizitätskonstante von GaAs. Bezüglich der Plasmaschwingungen vgl. Abschnitt 6 2.2

Schließlich werden für Frequenzen oberhalb von 10^{12} Hz (Wellenlängen $< 300\,\mu m$) optische Verfahren benutzt. Man charakterisiert dabei die Ausbreitung der elektromagnetischen Welle in dem absorbierenden Medium durch den Brechungsindex n und den Absorptionskoeffizienten α, der der exponentiellen Abnahme der Intensität I im Medium entspricht: $I = I_0 \exp(-\alpha x)$. Die elektrische Feldstärke der Welle läßt sich in der Form

$$E = E_0 \mathrm{e}^{-\frac{\alpha}{2}x} \mathrm{e}^{i\omega(t - x/v)} = E_0 \mathrm{e}^{i\omega\left[t - \frac{x}{c}\left(n - \frac{i\alpha c}{2\omega}\right)\right]}$$

schreiben (v = Lichtgeschwindigkeit im Medium, c im Vakuum). Die Größe

$$n^* = n - \frac{i\alpha c}{2\omega} = n - ik \qquad \left(\alpha = \frac{4\pi k}{\lambda}\right)$$

ist der komplexe Brechungsindex, $k = \frac{\alpha c}{2\omega} = \frac{\alpha\lambda}{4\pi}$ wird als Extinktionskoeffizient bezeichnet.

Aus den MAXWELLschen Gleichungen folgt für nichtmagnetische Stoffe $\varepsilon^* = n^{*2}$ bzw. nach Trennung von Real- und Imaginärteil

$$\varepsilon' = n^2 - k^2 \qquad \text{und} \qquad \varepsilon'' = 2nk\,.$$

Zur Bestimmung von n und k sind zwei voneinander unabhängige Messungen erforderlich. Folgende Möglichkeiten kommen dafür in Betracht:

a) Die Messung der Transmission $T = \frac{I_d}{I_0} = \frac{(1-R)^2 e^{-\alpha x}}{1 - R^2 e^{-2\alpha x}}$ für zwei verschieden dicke Proben bei senkrechtem Lichteinfall.

b) Die Messung der Transmission und des Reflexionskoeffizienten $R = \frac{(n-1)^2 + k^2}{(n+1)^2 + k^2}$ bei senkrechtem Einfall.

c) Die Messung des Reflexionskoeffizienten in einem großen Wellenlängenbereich. Daraus läßt sich mittels einer Dispersionsbeziehung der Phasenwinkel

$$\varphi(\omega) = -\frac{\omega}{\pi}\int\limits_0^\infty \frac{1}{\omega'^2 - \omega^2} \ln R(\omega')\,d\omega'$$

zwischen einfallender und reflektierter Welle ermitteln, für den andererseits $\tan\varphi = \frac{2k}{n^2 + k^2 - 1}$ gilt.

4.3. Ferroelektrizität

Bei einer Reihe von Stoffen ist der Zusammenhang zwischen P und E nichtlinear und zeigt Hystereseerscheinungen (Abb. 4—4). In Analogie zu den Ferromagnetika werden diese Stoffe als Ferroelektrika bezeichnet.

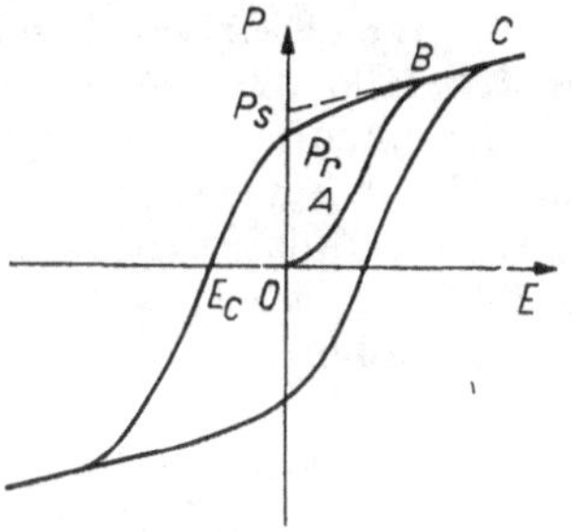

Abb. 4 – 4. Hysterese eines ferroelektrischen Kristalls. OAB ist die jungfräuliche Kurve, die an einem vorher unpolarisierten Kristall gemessen wird.

Das Zustandekommen der Hysterese kann man unter Bezug auf Abb. 4—4 wie folgt verstehen: Ohne äußeres Feld (Punkt 0) sind Teilbereiche des Kristalls bereits sponatan polarisiert, die Richtungen des elektrischen Dipolmoments verschiedener dieser sog. Domänen sind jedoch statistisch verteilt, die Gesamtpolarisation des Kristalls ist gleich Null.[1]) Legt an ein elektrisches Feld an, so wachsen die dazu parallelen Domänen auf Kosten der anderen, bis bei B der Kristall aus einer einzigen Domäne besteht, deren Polarisation P_s (Sättigungspolarisation) identisch mit der der ursprunglich statistisch verteilten einzelnen Domanen ist. Reduziert man nun das Feld, so verbleibt auch bei $E = 0$ eine remanente Polarisation P_r,

[1]) **Diese Domänenstruktur läßt sich bei vielen Ferroelektrika durch Ätzen der Oberfläche oder durch optische oder elektronenmikroskopische Verfahren direkt sichtbar machen.**

die erst durch ein Gegenfeld der Koerzitivfeldstärke E_c abgebaut wird.

Ferroelektrizität ist an bestimmte Kristallstrukturen gebunden, sie kann nur in Kristallklassen mit einer polaren Achse vorkommen. Diese Kristalle sind stets spontan polarisiert, ihre Polarisation ist aber durch Oberflächenladungen maskiert. Die Änderung der spontanen Polarisation wird beim Erwärmen nachweisbar, weshalb diese Kristalle als pyroelektrisch bezeichnet werden. Ferroelektrische Kristalle sind eine Untergruppe der pyroelektrischen, bei ihnen muß die Richtung der spontanen Polarisation durch ein elektrisches Feld geändert werden können. Ob dies mit Feldstärken unterhalb der Durchschlagsfeldstärke möglich ist, kann nur experimentell entschieden werden.

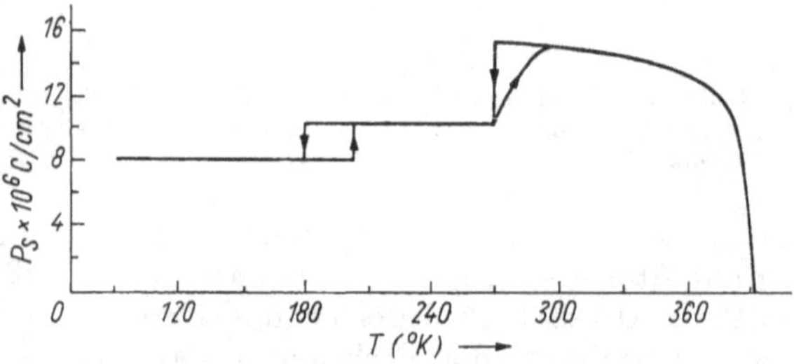

Abb. 4–5. Spontane Polarisation von $BaTiO_3$ als Funktion der Temperatur

Charakteristisch fur Ferroelektrika ist neben der Hysterese das Verhalten der spontanen Polarisation und der Dielektrizitätskonstante als Funktion der Temperatur.[1]) In Abbildungen 4–5 und 4–6 sind diese Größen für das sehr genau untersuchte $BaTiO_3$ dargestellt. Oberhalb der sog. ferroelektrischen Curie-Temperatur T_c

[1]) Im ferroelektrischen Gebiet ist unter ε der Wert $\lim\limits_{E \to 0} \frac{dD}{dE}$ zu verstehen, den man bei Messungen bei sehr kleinen Feldstärken erhält, die keine Änderung der Domänenstruktur erzeugen.

ist die spontane Polarisation gleich Null, der Zusammenhang zwischen P und E linear (paraelektrische Phase). Die Temperaturabhängigkeit der DK wird in dieser kubischen Phase (es liegt eine Perowskitstruktur vor, vgl. Abb. 1–19) durch das CURIE-WEISSsche Gesetz

$$\varepsilon = \varepsilon_\infty + \frac{C}{T - T_c}$$

beschrieben.
(C = CURIE-Konstante, ε_∞ = DK für sehr hohe Temperaturen). Nach dieser Gleichung wird ε bei T_c unendlich, in der Praxis tritt ein sehr scharfes Maximum auf.

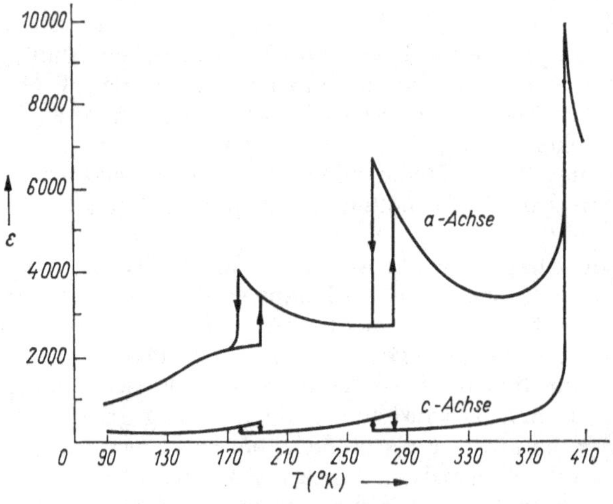

Abb. 4–6. Temperaturabhängigkeit der Dielektrizitätskonstante von $BaTiO_3$

Bei T_c erfolgt ein Phasenübergang in eine ferroelektrische Phase; die kubische Struktur des $BATiO_3$ geht dabei zunächst in eine tetragonale mit der c-Achse als ferroelektrischer Achse über. Bei weiterer Abkühlung treten hier (aber keineswegs bei allen Ferroelektrika) noch zwei weitere Phasenübergänge auf. $BaTiO_3$ ist ein Beispiel für ein Ferroelektrikum vom Verschiebungstyp. Das Auftreten der spontanen Polarisation kann durch die Verschiebung von Teilgittern (speziell des Ti-Gitters gegenüber dem Sauerstoffgitter) erklärt werden.

Bei einer zweiten Gruppe, den Ferroelektrika vom Ordnungs-Unordnungs-Typ, sind dagegen bereits in der paraelektrischen Phase permanente Dipole vorhanden, die jedoch statisch verteilt sind. Unterhalb T_c ordnen sie sich dann parallel zueinander. Zu diesem Typ gehören Substanzen mit Wasserstoffbrückenbindungen, z. B. das älteste bekannte Ferroelektrikum, Seignettesalz und das sehr eingehend untersuchte KH_2PO_4 (Kaliumhydrogenphosphat, KDP).

Zur theoretischen Beschreibung kann man zunächst thermodynamische Überlegungen heranziehen. Man geht dabei von dem thermodynamischen Potential G für isotherm-isobare Prozesse (GIBBSsche Funktion) aus und entwickelt es nach Potenzen der Polarisation P. Es gelingt so, eine Reihe von Beziehungen zwischen meßbaren Größen abzuleiten, die experimentell gut bestätigt sind.

Die Aufgabe, makroskopische Eigenschaften aus der mikroskopischen Struktur heraus verständlich zu machen, ist damit natürlich nicht gelöst. Da eine vollständig befriedigende mikroskopische Theorie noch fehlt, sollen hier nur für die Ferroelektrika vom Verschiebungstyp einige grundsätzliche Überlegungen wiedergegeben werden.

Wir betrachten als einfachsten Fall einen Stoff, der aus zwei entgegengesetzt geladenen Untergittern besteht, die nur in einer Richtung gegeneinander verschiebbar sind. Ist x der Abstand des Schwerpunktes eines Gitters von seiner Gleichgewichtslage in der paraelektrischen Phase, so lautet der einfachste Ansatz für die potentielle Energie als Funktion von x, der nichtlineare Glieder enthält,

$$U = \frac{1}{2} kx^2 + Bx^4$$

(ungerade Potenzen von x fehlen aus Symmetriegründen). B ist positiv, da bei genügend großen x-Werten die Energie wachsen muß (anderenfalls ist das Gitter nicht stabil).

Ist auch k positiv, so ist $x = 0$ sie einzige stabile Lage, d. h. es tritt keine spontane Polarisation auf. Dagegen liegen bei negativem k Potentialminima bei $x_{\min} = \sqrt{\frac{|k|}{4B}}$, was einer spontanen Polarisation $P_s = \frac{q \cdot x_{\min}}{V}$ entspricht (q = effektive Ladung der Teilgitter, V = Volumen der Elementarzelle). Das Auftreten spontaner Polarisation kann also geklärt werden, wenn man annimmt, daß k temperaturabhängig ist und am CURIE-Punkt verschwindet. Mit der einfachsten Annahme $k = k_0(T - T_c)$ erhält man $U = \frac{1}{2} k_0(T - T_c)x^2 + Bx^4$ (Abb. 4—7). Die Temperaturabhängigkeit der spontanen Polarisation ergibt sich daraus zu

$$P_s = \frac{q x_{\min}}{V} = \begin{cases} \frac{q}{V}\sqrt{\frac{k_0}{4B}}\sqrt{T_c - T} & \text{für} \quad T < T_c \\ 0 & \text{für} \quad T > T_c. \end{cases}$$

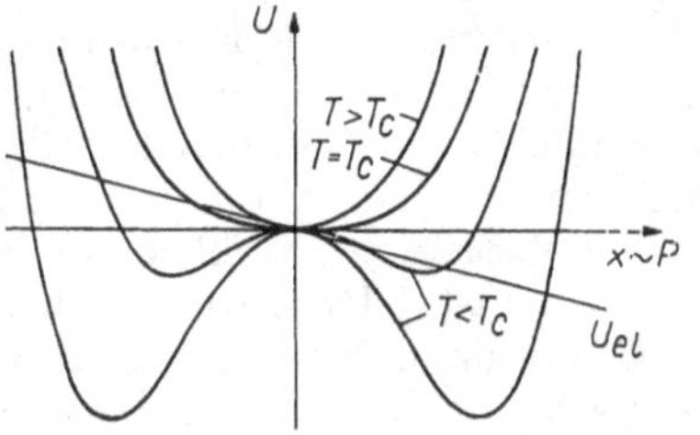

Abb. 4 – 7. Potentielle Energie U eines zweiatomigen ferroelektrischen Kristalls als Funktion der Verschiebung x der Teilgitter für verschiedene Temperaturen. U_{el} gibt die Zusatzenergie durch ein elektrisches Feld in x-Richtung an.

Beim Anlegen eines elektrischen Feldes kommt eine Zusatzenergie $U_{\text{el}} = -Ex$ hinzu und man erhält

$$U(E) = \frac{1}{2} kx^2 + Bx^4 - Ex$$

$$= \frac{1}{2} k \left(x - \frac{E}{k}\right)^2 - \frac{1}{2} \frac{E^2}{k} + Bx^4,$$

also eine verschobene Kurve. Bei $k > 0$ liegt das Minimum näherungsweise bei $\Delta x = \frac{E}{k}$ und die Suszeptibilität $\chi = \varepsilon - 1$ wird

$$\chi = \frac{P}{\varepsilon_0 E} = \frac{q\Delta x}{\varepsilon_0 VE} = \frac{q}{\varepsilon_0 Vk} = \frac{C}{T - T_c},$$

Man erhält also tatsächlich ein Curie-Weisssches Gesetz mit der Curie-Konstanten $C = \frac{q}{\varepsilon_0 V k_0}$.

Eine ähnliche, etwas umfangreichere Rechnung liefert für die ferroelektrische Phase bei kleinen Feldstärken $\chi = \frac{C}{2(T - T_c)}$, d. h. die Steigung von $1/\chi$ als Funktion von T ist im ferroelektrischen Gebiet doppelt so groß wie im paraelektrischen. Qualitativ ergibt sich aus dem Modell für $T < T_c$ auch die Erscheinung der Hysterese. Legt man ein Feld in x-Richtung an, so wird das linke Minimum flacher, das rechte tiefer, also energetisch günstiger. Befindet sich das System in dem linken Minimum (negative Polarisation), so bleibt es jedoch trotzdem in diesem metastabilen Zustand, bis beim Vergrößern von E das linke Minimum ganz verschwindet (infolge thermischer Schwingungen bzw. Tunneleffekt erfolgt der Übergang in das stabile Minimum tatsächlich schon bei kleineren Feldstärken, so daß die gemessenen Koerzitivfelder stets kleiner als die aus dem Modell berechenbaren sind).

Betrachtet man das dynamische Verhalten des Systems, so gilt in der paraelektrischen Phase bei kleinen Auslenkungen die Bewegungsgleichung

$$\mu \frac{\mathrm{d}^2 x}{\mathrm{d}t^2} = -k_0(T - T_c)x$$

(μ = reduzierte Masse der schwingenden Gitter), d. h. man erhält für die Resonanzfrequenz $\omega_r^2 = \frac{k_0}{\mu}(T - T_c)$. Am Phasenübergang sollte daher die Resonanzfrequenz verschwinden, was man als Ursache für das ferroelektrische Verhalten ansehen kann. Das Verschwinden von ω_r bei Annäherung an den Curie-Punkt wird nach den Rechnungen in Abschnitt 4.2 durch die Kompensation der kurzreichweitigen Bindungskräfte durch die langreichweitige elektrische Wechselwirkung der Ionen hervorgerufen: es ist $\omega_r^2 = \omega_0^2 - \frac{Nq}{3\varepsilon_0\mu}$; wobei ω_0^2 die kurzreichweitigen Bindungskräfte beschreibt. Bei einigen Stoffen ist es auch wirklich gelungen, niederfrequente Gitterschwingungen (sog. „weiche" Moden) mit der der Gleichung $\omega_r^2 = \frac{k_0}{\mu}(T - T_c)$ entsprechenden Temperaturabhängigkeit nachzuweisen.

4.4. *Nichtlineare optische Erscheinungen*

Auch im Bereich hoher Frequenzen, wo nur noch die Elektronenpolarisation eine Rolle spielt, treten Nichtlinearitäten im Zusammenhang zwischen P und E auf. Sie machen sich nur bei sehr hohen elektrischen Feldstärken bemerkbar, die mit den innerkristallinen Feldern der Größenordnung 10^8 V/cm vergleichbar sind. Da solche Felder heute mit Hochleistungslasern erreichbar sind, werden optische Nichtlinearitäten gegenwärtig sehr eingehend untersucht.

Entwickelt man $P(E)$ in eine Reihe nach Potenzen von E

$$P(E) = \varepsilon_0(\chi^{(1)}E' + \chi^{(2)}E^2 + \chi^{(3)}E^3 + \cdots),$$

so liefern die Suszeptibilitäten $\chi^{(n)}$ eine phänomenologische Beschreibung der auftretenden Erscheinungen. Setzt man für E eine zeitlich variable elektrische Feldstärke $E_\omega \cdot \cos \omega t$ ein, so ist z. B. $\chi^{(2)}$ verantwortlich für das Auftreten einer Polarisationskomponente der Fre-

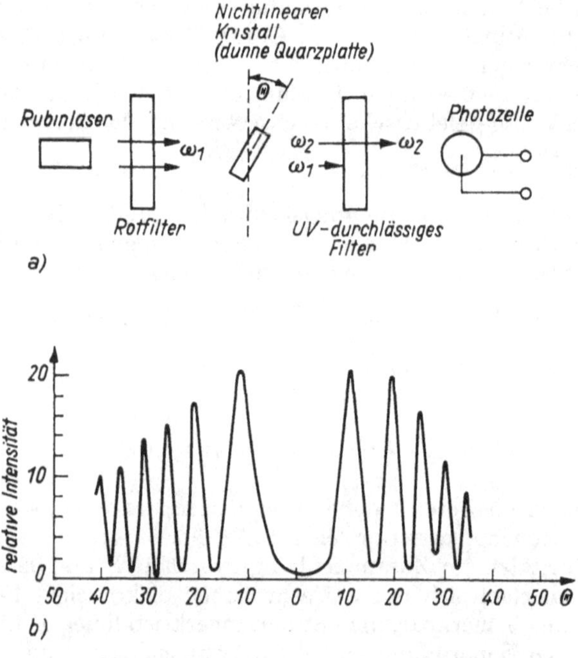

Abb. 4–8. a) Experimentelle Anordnung zum Nachweis der 2. Harmonischen b) Intensität der 2. Harmonischen als Funktion des Winkels zwischen Flächennormalen und Strahlrichtung (nach MAKER u. a., Phys. Rev Lett. 8, 21 (1962))

quenz 2ω, die Anlaß zu einer elektromagnetischen Welle gleicher Frequenz gibt.

Als erstes erfolgreiches Experiment wurde 1961 die Frequenzverdopplung der Strahlung eines Rubinlasers nachgewiesen (Abb. 4—8a), wobei die Intensität der

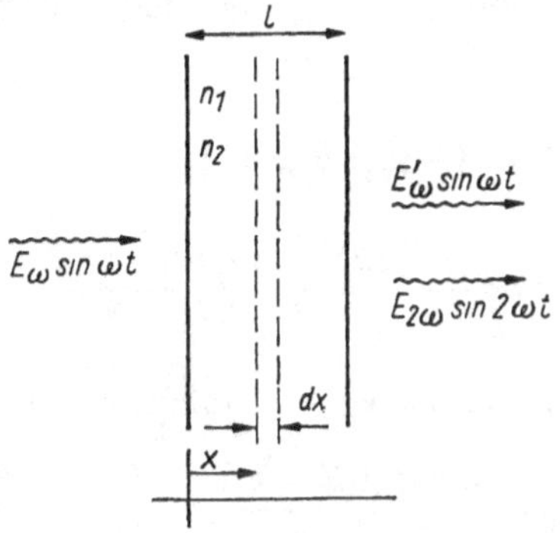

Abb. 4 – 9. Zur Berechnung der 2. Harmonischen

Oberwelle in charakteristischer Weise von der Drehung des Kristalls gegenüber der Strahlrichtung abhing (Abb. 4—8b). Die Intensität der Oberwelle läßt sich wie folgt berechnen (vgl. Abb. 4—9): Die einfallende Welle $E_\omega \cos(k_1 x - \omega t)$ ($k_1 = 2\pi/\lambda_1 = 2\pi n_1/\lambda_0$ = Wellenzahlvektor der Grundwelle, λ_1 = Wellenlänge der Grundwelle im Kristall, n_1 = Brechungsindex der Grundwelle, der Index 2 bezieht sich auf die Oberwelle) erzeugt am Ort x eine Polarisationskomponente

$$P_{2\omega} = \frac{\varepsilon_0}{2} \chi^{(2)} E \omega^2 \cos(2k_1 x - 2\omega t)$$

mit der Wellenlänge $\lambda_p = \dfrac{2\pi}{2k_1} = \dfrac{\lambda_0}{2n_1}$.

Das in der Schicht dx schwingende Dipolmoment P dx sendet als HERTZscher Oszillator Wellen der Frequenz 2ω aus, sein Betrag zur elektrischen Feldstärke an der

Stelle $x = l$ ist

$$\mathrm{d}E_{2\omega} = A\chi^{(2)} E\omega^2 \cos[2k_1 x - 2\omega(t - t')]\,\mathrm{d}x$$

($t' = \dfrac{l - x}{v_{2\omega}} = \dfrac{l - x}{2\omega} k_2$ ist die Laufzeit der Welle, k_2 die Wellenzahl zur Frequenz 2ω). Integration über den Kristall liefert

$$E_{2\omega} = A\chi^{(2)} E\omega^2 \int_0^l \cos[2k_1 x + k_2(l - x) - 2\omega t]\,\mathrm{d}x$$

$$= A\chi^{(2)} E\omega^2 \frac{\sin(2k_1 l - 2\omega t) - \sin(k_2 l - 2\omega t)}{2k_1 - k_2}.$$

Elementare trigonometrische Umformungen ergeben

$$E_{2\omega} = A\chi^{(2)} E\omega^2 \frac{\sin l/2\,(2k_1 - k_2)}{2k_1 - k_2} \cos\left[\left(k_1 + \frac{k_2}{2}\right) l - 2\omega t\right],$$

also eine ebene Welle der Intensität

$$I_{2\omega} \sim I_\omega{}^2\,(\chi^{(2)2} \frac{\sin^2(2k_1 - k_2)\,l/2}{(2k_1 - k_2)^2}$$

$$\sim I\omega^2\,(\chi^{(2)})^2\,l^2 \frac{\sin^2 \dfrac{\omega l}{c}(n_1 - n_2)}{\dfrac{\omega^2 l^2}{c^2}(n_1 - n_2)^2}.$$

Wegen der Dispersion läuft zwar die Polarisationswelle $P_{2\omega}$, nicht aber die optische Oberwelle $E_{2\omega}$ synchron mit der Grundwelle; verschiedene Kristallbereiche liefern daher Beiträge unterschiedlicher Phase (Phasenfehlanpassung), so daß im allgemeinen die Intensität $I_{2\omega}$ gering ist.

Durch einen Kunstgriff gelingt es jedoch, eine Phasenanpassung zu erreichen. In Kristallen, in denen die Doppelbrechung stärker als die Dispersion ist, existieren Richtungen, in denen die Phasengeschwindigkeit der ordentlichen Grundwelle gleich der der außerordentlichen Oberwelle ist (s. Abb. 4—10). In dieser speziellen

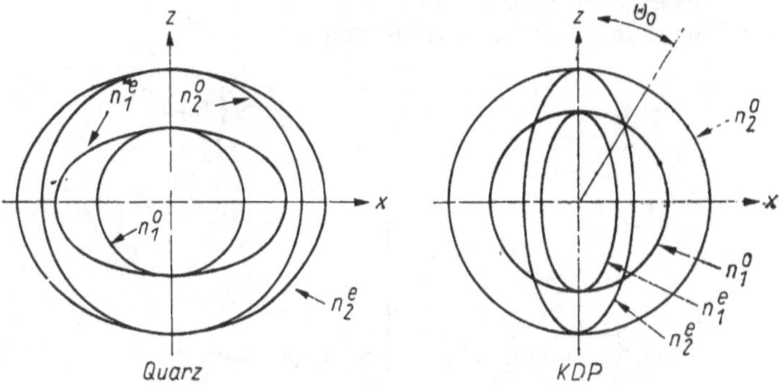

Abb. 4 - 10. Indexellipsoide für Quarz und KDP (Kaliumdihydrogenphosphat). Die oberen Indizes *o* und *e* beziehen sich auf den ordentlichen bzw. den außerordentlichen Strahl; 1 und 2 auf die Grund- bzw. die Oberwelle. In der durch Θ_0 charakterisierten Richtung liegt im KDP Phasenanpassung vor
(nach Franken und Ward Rev. Mod. Phys. 35, 23 (1963))

Richtung tritt dann eine sehr effektive Frequenzverdopplung auf (Abb. 4—11). Wechselt man von der Wellensprache in die Teilchensprache, so entsprechen Frequenzverdopplung und Phasenanpassung der Erfüllung von Energie- und Impulssatz,

$$\hbar\omega_0 = \hbar\omega_1 + \hbar\omega_1,$$

$$\hbar\boldsymbol{k}_2 = \hbar\boldsymbol{k}_1 + \hbar\boldsymbol{k}_1,$$

und man erkennt, daß die Frequenzverdopplung ein spezielles Beispiel eines Mehrphotonenprozesses ist.

Eine modellmäßige atomistische Deutung geht davon aus, daß bei großen Auslenkungen der Elektronen aus ihrer Gleichgewichtslage die rücktreibenden Kräfte nicht mehr proportional zur Auslenkung sind, sondern schneller anwachsen. Es gilt dann als Gleichgewichtsbedingung im elektrischen Feld $eE = kx + lx^2 + \cdots$. Während sich in erster Näherung ($l = 0$) $P = enx = \frac{e^2 n}{k} E$ ergibt, erhält man in nächster Näherung

$$P = enx = \frac{e^2 n}{k} E - \frac{enlx^2}{k} \approx \frac{e^2 n}{k} E \left(1 - \frac{el}{k^2} E\right).$$

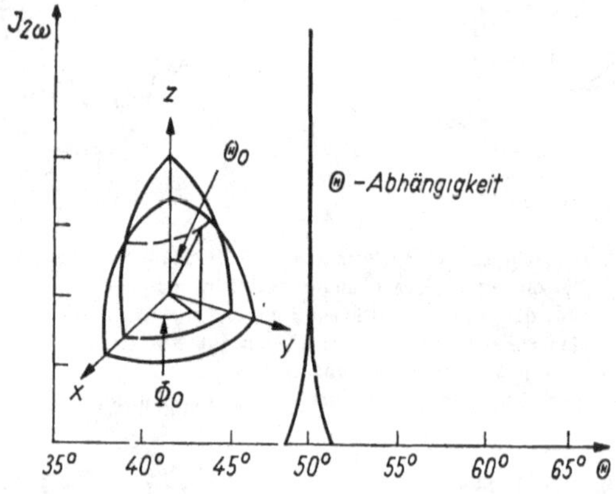

Abb. 4-11. Intensität der 2. Harmonischen als Funktion der Orientierung eines KDP-Kristalls. Der Einsatz zeigt perspektivisch die Lage der Indexellipsoide n_1^0 und n_2^e
(nach MAKER u. a., Phys. Rev. Lett. 8, 21 (1962))

Große Verschiebungen bedeuten, daß lx^2 vergleichbar mit kx wird und x in die Größenordnung des Atomradius a_0 kommt, d. h. daß $l = k/a_0$ ist. Damit wird $\frac{P_{2\omega}}{P\omega} = \frac{\chi^{(2)} E}{\chi^{(1)}} = \frac{el}{k^2} E = \frac{eE}{a_0 k}$. Setzt man $k = m \cdot \omega_0^2$ und $m\omega_0^2 a_0 = \frac{e^2}{4\pi\varepsilon_0 a_0^2}$ ein (Bindungskraft = Zentrifugalkraft), so wird

$$\frac{ka_0}{l} = \frac{e}{4\pi\varepsilon_0 a_0^2} = E \text{ atomar}$$

und $\chi^{(2)}E^2$ wird mit $\chi^{(1)}E$ erst bei Feldstärken von etwa 10^8 V/cm vergleichbar.

5. Elektronische Struktur von Festkörpern

Bisher wurde die innere Struktur der Gitterbausteine vernachlässigt, sie wurden als elektrisch geladene und elastische gebundene Massepunkte betrachtet. Das ist jedoch nur dann gerechtfertigt, wenn man Erscheinungen betrachtet, bei denen die inneren Freiheitsgrade der Gitterbausteine keine Rolle spielen, d. h. wenn keine Elektronen angeregt werden.

Mit dieser Betrachtungsweise lassen sich jedoch große Erscheinungskomplexe, an denen im wesentlichen nur die Elektronen des Kristallgitters beteiligt sind, wie die Wechselwirkung mit kurzwelliger elektromagnetischer Strahlung, die elektrische Leitfähigkeit, die Elektronenemission und die magnetischen Eigenschaften, nicht erklären.

Bei der Betrachtung der elektronischen Struktur der Festkörper kann man zwei Wege einschlagen:

1. Man geht vom freien Atom oder Ion aus und betrachtet den Einfluß benachbarter Gitterbausteine als kleine Störung der Elektronenzustände des betrachteten Atoms oder Ions. Dieses Verfahren ist immer dann gerechtfertigt, wenn die Wechselwirkungsenergie mit den benachbarten Gitterbausteinen klein im Vergleich zur Anregungsenergie der inneren Zustände ist. Es bewährt sich also bei relativ fest gebundenen Elektronen und wird vorwiegend zur Erklärung von Erscheinungen angewandt, die mit d- oder f-Elektronen zusam-

menhängen (optische Absorption, Lumineszenz und magnetische Eigenschaften von Übergangsmetallatomen oder Atomen der seltenen Erden). Der Einfluß der Nachbaratome zeigt sich im wesentlichen

a) in der Veränderung der Energieniveaus durch innerkristallinen STARK-Effekt, wodurch Verschiebungen und Aufspaltungen von Energieniveaus auftreten,

b) im Elektronenaustausch zwischen benachbarten Atomen. Diese Methode wird in Abschnitt 6.3 im Zusammenhang mit der Lumineszenz von Übergangsmetallionen und im Abschnitt 8.2 im Zusammenhang mit magnetischen Erscheinungen behandelt

2. Für die Erscheinungen, die im wesentlichen durch die Valenzelektronen der Atome bestimmt werden (chemische Bindung, elektrische Leitfähigkeit, Elektronenemission, optische Absorption im Sichtbaren und im nahen Ultrarot und Ultraviolett) ist es zweckmäßiger, vom freien Elektron auszugehen. Man denkt sich dabei den Festkörper aus positiven Atomrümpfen (Atomkern mit den fest gebundenen inneren Elektronen) und „quasifreien" Valenzelektronen bestehend.
Damit ergibt sich das Problem, die Bewegung einer riesigen Anzahl (Größenordnung 10^{23}) von Elektronen im Potential der Atomrümpfe zu untersuchen. Es ist hoffnungslos, dieses Problem streng zu lösen, man ist auf eine Reihe sehr drastischer Näherungen angewiesen, deren Berechtigung eigentlich nur durch den Erfolg nachgewiesen werden kann:

a) Da sich die Atomrümpfe bei ihren Schwingungen nur wenig aus ihren Gleichgewichtslagen entfernen (vgl. Abschn. 3.2) ersetzt man ihre wirklichen (zeitabhängigen) Lagen durch ihre Mittelwerte, d. h. die Gleichgewichtslagen (statische Näherung). Damit ist das Problem auf die Bewegung in einem zeitlich unveränderlichen Potential reduziert. Allerdings geht damit auch die Beeinflussung der Elektronen durch die Gitterschwingungen verloren. Wo sie wichtig ist (z. B. bei der Erklärung der elektrischen Leitfähigkeit), muß diese Elektron-Phonon-Wechselwirkung nachträglich berücksichtigt werden.

b) Das Verhalten eines Elektrons im Feld der Atomrümpfe wird als repräsentativ für den Festkörper betrachtet (Einelektronennäherung). In dieser Näherung wird die an sich starke Wechselwirkung der Elektronen untereinander nur global als ein „verschmiertes" Potential betrachtet, das sich dem Potential der Atomrümpfe überlagert, aber dessen Periodizität nicht stört. Eine Rechtfertigung dieser Einelektronennäherung ist in gewisser Weise möglich (siehe D. Pines, The Many Body Problem), würde aber hier zu weit führen. Um vom Verhalten eines einzelnen Elektrons wieder auf das Verhalten der Elektronengesamtheit zu schließen, werden in dieser Einelektronennäherung statistische Überlegungen benutzt. Objekte der Statistik sind dabei die „Kristallelektronen", die ihrer Wechselwirkung beraubt sind und deshalb als von freien Elektronen verschiedene „Quasiteilchen" (elementare Anregungszustände) aufzufassen sind. Sie besitzen jedoch ebenso wie die freien Elektronen den Spin 1/2 und unterliegen der Fermistatistik.

Die Bewegung der Kristallelektronen wird durch die Quantenmechanik beschrieben. Ausgehend von den Näherungsannahmen hat man also folgendes Problem zu lösen. Es sind die Energieeigenwerte und die zugehörigen Wellenfunktionen eines Elektrons in einem gitterperiodischen Potential zu bestimmen und anschließend alle vorhandenen Elektronen entsprechend der Fermistatistik auf die berechneten Energiewerte zu verteilen. Bei der Berechnung beschränken wir uns wieder auf das eindimensionale Gitter (Abschnitt 5.1) und führen die Verallgemeinerung auf den dreidimensionalen Fall ohne Beweis durch.

5.1. Das Elektron im eindimensionalen Gitter

Wir betrachten ein Elektron im Potential $U(x)$ eines eindimensionalen Gitters der Gitterkonstante a (vgl. Abschn. 3.1, $M = m$). Die erlaubten Energiewerte E des Elektrons ergeben sich als Lösung der Schrödingergleichung

$$-\frac{\hbar^2}{2m}\frac{\partial^2\psi}{\partial x^2} + V(x)\,\psi(x) = E\cdot\psi(x).$$

Da die potentielle Energie $V(x)$ gitterperiodisch ist, gilt

$$V(x + a) \equiv V(x).$$

$\psi(x)$ ist die Wellenfunktion des Elektrons. Bei einem freien Elektron wäre $\psi(x)$ eine ebene Welle und läßt sich in der Form

$$\psi(x) = A\exp(ikx)$$

schreiben, wobei die Wellenzahl $k = \frac{2\pi}{\lambda_{el}} = \frac{p}{\hbar}$ proportional zum Impuls p ist.

Als Ansatz zur Lösung der obigen Gleichung benutzt man daher eine gitterperiodisch modulierte ebene Welle

$$\psi_k(x) = u_k(x)\exp(ikx) \qquad \text{mit} \qquad u_k(x + a) \equiv u_k(x)$$

(Bloch-Funktion).

Wir stellen uns wie im Abschnitt 3.1 den Kristall aus endlichen Grundgebieten mit je N Elementarzellen aufgebaut vor (Abb. 5–1). Da das Ende eines Grundgebietes mit dem Anfang des nächsten identisch zusammenfällt, muß gelten

$$\psi_k(0) \equiv \psi_k(\mathrm{Na}) \qquad \text{oder} \qquad \exp(ik\mathrm{Na}) = 1.$$

Das bedeutet $k\mathrm{Na} = 2\pi\nu$ bzw. $k = \frac{2\pi}{\mathrm{Na}}\,\nu$ ($\nu = 0, 1, \ldots, N - 1$). (Größere ν-Werte sind sinnlos: $\nu + N$ bedeutet eine

Wellenzahl $k' = k + 2\pi/a$, zu der die BLOCH-Funktion

$$\psi_{k'}(x) = \mu_{k'}(x) \exp(2\pi i x/a) \cdot \exp(ikx)$$

gehört. Da ist aber eine BLOCH-Funktion zur Wellenzahl k, da $\exp(2\pi i x/a)$ gitterperiodisch ist und als Bestandteil von $\mu_k(x)$ aufgefaßt werden kann.)

Die Funktion $u_k(x)$ muß der Differentialgleichung

$$-\frac{\hbar^2}{2m}\left(\frac{\partial^2 u_k}{\partial x^2} + 2ik\frac{\partial u_k}{\partial x}\right) + \left(\frac{\hbar^2 k^2}{2m} + V(x)\right) u_k = E_k u_k$$

gehorchen, wie man durch Einsetzen von $\psi_k(x)$ in die Schrödingergleichung erkennt. Periodische Lösungen erhält man nur bei diskreten Eigenwerten, d. h. man erhält zu jedem k-Wert eine Folge von Energiewerten E_{kn} $(n = 1, 2, \ldots)$.

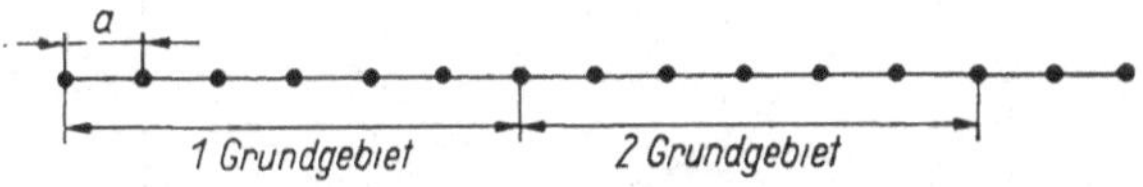

Abb. 5-1. Grundgebiete eines eindimensionalen Kristalls (gezeichnet ist der Fall $N = 6$)

Quantitative Ergebnisse kann man nur bekommen, wenn das Potential $V(x)$ bekannt ist. Eine wirkliche Berechnung des Potentials ist sehr schwierig, weil die „verschmierte" Wechselwirkung der Elektronen untereinander berücksichtigt werden muß. Man ist daher zu einfachen Annahmen über den Verlauf von $V(x)$ gezwungen.

Die einfachste Annahme besteht darin, innerhalb des Festkörpers die potentielle Energie durch ihren Mittelwert V_0 zu ersetzen. V_0 ist negativ (bezogen auf die Energie des Elektrons im Vakuum), da die positiven Atomrümpfe anziehende Kräfte auf die Elektronen ausüben.

Die Gleichung für $u_k(x)$ hat dann konstante Koeffizienten und die Lösungen sind Exponentialfunktionen der Form

$$u_{kn}^0(x) = \exp(2\pi i n x/a);$$

die Energiewerte ergeben sich zu

$$E_{kn}^0 = V_0 + \frac{\hbar^2}{2m}\left(k + \frac{2\pi n}{a}\right)^2 \qquad (n = 0, \pm 1, \pm 2, \ldots)$$

(s. Abb. 5—2) und die zugehörigen Wellenfunktionen lauten in normierter Form

$$\psi_{nk}^0(x) = \frac{1}{\sqrt{\mathrm{Na}}}\,\mathrm{e}^{i\left(k+\frac{2\pi n}{a}\right)x}.$$

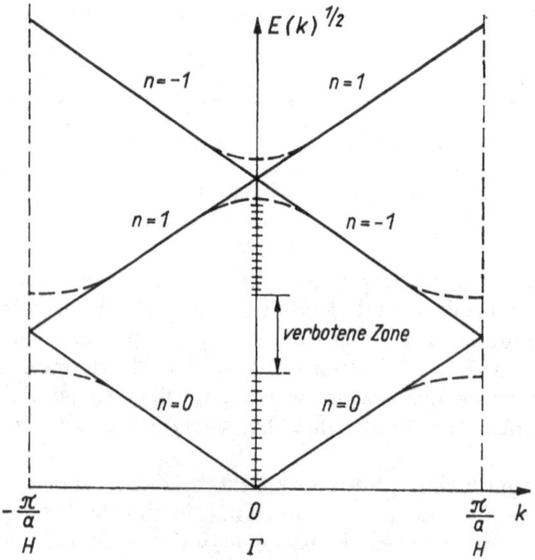

Abb. 5 – 2. Bandstruktur des eindimensionalen Gitters
ausgezogen $E(k)$ für das Leergitter ($V(x) = 0$)
gestrichelt: $E(k)$ bei gitterperiodischem Potential $V(x)$

(Die Normierung erfolgt im Grundgebiet $N \cdot a$, d. h. es ist

$$\int_0^{Na} \psi_{nk}^{0*}(x)\, \psi_{nk}^0(x)\, \mathrm{d}x = 1.)$$

Weiterführende Ergebnisse erhält man nur, wenn man das gitterperiodische Potential $V(x)$ berücksichtigt. Legt man den Nullpunkt der x-Skala zwischen zwei Atome, so ist das Potential symmetrisch und die Entwicklung in eine Fourierreihe liefert

$$V(x) = \sum_{s=0}^{\infty} V_s \cos 2\pi s \frac{x}{a}.$$

Die Änderungen der Energiewerte infolge Abweichungen des Potentials vom Mittelwert V_0 kann man durch Störungsrechnung näherungsweise berechnen. Überall dort, wo keine Entartung vorliegt, ergeben sich dadurch nur geringfügige Verschiebungen der Energiewerte. Wichtig sind jedoch die Punkte $k = 0$ und $k = \pi/a$, an denen Entartung vorliegt, und ihre Umgebungen.

Entsprechend der Störungstheorie für 2 nahe benachbarte (im Grenzfall entartete) Niveaus $E_1{}^0$ und $E_2{}^0$ mit den (ungestörten) Wellenfunktionen $\psi_1{}^0$ und $\psi_2{}^0$ ergeben sich die Energiewerte $E_1{}^1$ und $E_2{}^1$ in erster Näherung als Lösungen der Säkulargleichung

$$\begin{vmatrix} E_1{}^0 + V_{11} - E & V_{12} \\ V_{12} & E_2{}^0 + V_{22} - E \end{vmatrix} = 0,$$

wobei $V_{ik} = \int_0^{Na} \psi_i{}^*(x)\, V(x)\, \psi_k(x)\, \mathrm{d}x = V_{ki}$ ist, zu

$$E_{1/2}^1 = \frac{1}{2}(E_2{}^0 + V_{22} + E_1{}^0 + V_{11})$$
$$\pm \frac{1}{2}\sqrt{[(E_2{}^0 + V_{22}) - (E_1{}^0 + V_{11})]^2 + 4\,V_{12}^1}.$$

Im Punkte $k = 0$ sind die Funktionen

$$\psi_1{}^0 = \frac{1}{\sqrt{\mathrm{Na}}}\, e^{-2\pi i n x/a} \quad \text{und} \quad \psi_2{}^0 = \frac{1}{\sqrt{\mathrm{Na}}}\, e^{+2\pi i n x/a}$$

miteinander entartet. Für diese Funktion wird $V_{11} = V_{22} = 0$ und $V_{12} = \frac{1}{2} V_{2n}$ und man erhält

$$E_1{}^1 = E_1{}^0 - \frac{1}{2} V_{2n} = \frac{\hbar^2}{2m}\left(\frac{2\pi n}{a}\right)^2 - \frac{1}{2} V_{2n},$$

$$E_2{}^1 = E_2{}^0 + \frac{1}{2} V_{2n} = \frac{\hbar^2}{2m}\left(\frac{2\pi n}{a}\right)^2 + \frac{1}{2} V_{2n},$$

d. h. die Aufspaltung der Energieniveaus $E_{0n}{}^0$ wird durch den Fourierkoeffizienten V_{2n} bewirkt.

Analog ergibt sich für $k = \pi/a$ $\left(\psi_1{}^0 = \frac{1}{\sqrt{\mathrm{Na}}}\, e^{+2\pi i\left(n+\frac{1}{2}\right)x/a},\ \psi_2{}^0 = \frac{1}{\sqrt{\mathrm{Na}}}\, e^{-2\pi i\left(n+\frac{1}{2}\right)x/a}\right)$

$$E_1{}^1 = E_1{}^0 - \frac{1}{2} V_{2n+1} = \frac{\hbar^2}{2m}\left[\frac{2\pi\left(n+\frac{1}{2}\right)}{a}\right]^2 - \frac{1}{2} V_{2n+1},$$

$$E_2{}^1 = E_2{}^0 + \frac{1}{2} V_{2n+1} = \frac{\hbar^2}{2m}\left[\frac{2\pi\left(n+\frac{1}{2}\right)}{a}\right]^2 + \frac{1}{2} V_{2n+1},$$

d. h. die Aufspaltung dieser Niveaus wird durch die Fourierkoeffizienten V_{2n+1} hervorgerufen.

Für die Umgebung von $k = 0$ ($k = \pi/a$) erhält man mit den Wellenfunktionen $\psi_1{}^0 = \frac{1}{\sqrt{\mathrm{Na}}}\, e^{i\left(k-\frac{2\pi n}{a}\right)x}$ und $\psi_2{}^0 = \frac{1}{\sqrt{\mathrm{Na}}}\, e^{+i\left(k+\frac{2\pi n}{a}\right)x}$ ebenfalls $V_{11} = V_{22} = 0$, $V_{12} = \frac{1}{2} \times V_{2n}$. Jedoch sind jetzt $E_1{}^0$ und $E_2{}^0$ verschieden und es wird

$$E^1_{1/2} = \frac{1}{2}\frac{\hbar^2}{2m}\left\{\left(\frac{2\pi n}{a} + k\right)^2 + \left(\frac{2\pi n}{a} - k\right)^2\right\}$$

$$\pm\sqrt{\frac{\hbar^4}{16m^2}\left\{\left(\frac{2\pi n}{a} + k\right)^2 - \left(\frac{2\pi n}{a} - k\right)^2\right\}^2 + \frac{V^2_{2n}}{4}}$$

$$= \frac{\hbar^2}{2m}\left(\frac{2\pi n}{a}\right)^2 + \frac{\hbar^2 k^2}{2m} \pm \frac{1}{2}\sqrt{V^2_{2n} + 16\left(\frac{\hbar^2 \cdot 2\pi n k}{2ma}\right)^2}\,.$$

Für sehr kleine k-Werte $\left(V_{2n} \gg 4\,\frac{\hbar^2 \pi n k}{m a}\right)$ enthält man durch Reihenentwicklung der Wurzel

$$E_1{}^1 = \frac{\hbar^2}{2ma^2}(2\pi n)^2 - \frac{1}{2}V_{2n} + \frac{\hbar^2 k^2}{2m}\left(1 - 4\,\frac{\hbar^2}{2ma^2}\,\frac{(2\pi n)^2}{V_{2n}}\right),$$

$$E_1{}^2 = \frac{\hbar^2}{2ma^2}(2\pi n)^2 + \frac{1}{2}V_{2n} + \frac{\hbar^2 k^2}{2m}\left(1 + 4\,\frac{\hbar^2}{2ma^2}\,\frac{(2\pi n)^2}{V_{2n}}\right),$$

für größere k-Werte $\left(V_{2l} \ll 4\,\frac{\hbar^2 \pi n k}{ma} \ll \frac{\hbar^2}{2m}\left(\frac{2\pi n}{a}\right)^2\right)$ folgt dagegen

$$E_1{}^1 = E_1{}^0 - \frac{V^2_{2n}}{16\left[\frac{\hbar^2}{2m}\cdot\frac{2\pi n k}{a}\right]},\quad E_2{}^1 = E_2{}^0 + \frac{V^2_{2n}}{16\left[\frac{\hbar^2}{2m}\cdot\frac{2\pi n k}{a}\right]},$$

d. h. die Störung durch V_{2n} geht mit wachsende k gegen Null. Damit erhält man den in Abb. 5—2 gestrichelt dargestellten Verlauf E_{kn}.

Faßt man E_{kn} als Funktion von k auf, so erfüllen die zu festen n gehörigen Energiewerte ein beschränktes Energieintervall, das als Energieband bezeichnet wird. Da es genau N erlaubte k-Werte gibt, besteht jedes Band aus N eng benachbarten Energiezuständen. Die einzelnen Bänder sind durch „verbotene Zonen" voneinander getrennt, in denen keine für Elektronen erlaubten Energieniveaus liegen. Die verbotenen Zonen sind um so breiter, je größer der entsprechende Fourierkoeffizient V_{2n} (für $k = 0$) bzw. V_{2n+1} (für $k = \pi/a$) ist, d. h. je stärker das Potential ist.

Infolge seiner Bedeutung soll das Bänderschema noch von einem anderen Gesichtspunkt aus betrachtet werden. Dazu stellen wir uns weit voneinander entfernte Atome mit den atomaren Energieniveaus E_m^{at} $(m = 1, 2, \ldots)$ vor.

Die Wellenfunktion zu dem bei $x = 0$ liegenden Atom zum Energieniveau E_m^{at} bezeichnen wir mit $\chi_m(x)$. Sie ist nur in der Umgebung von $x = 0$ wesentlich von Null verschieden. Zu einem Atom am Ort $x = na$ gehört dann zum gleichen Energieniveau die Funktion $\chi_m(x_n = na)$, die entsprechend nur in der Umgebung von $x = na$ wesentlich von Null verschieden ist. Funktionen von verschiedenen Atomen überlappen sich also nur sehr wenig, solange a nicht zu klein wird.

Nähert man die Atome einander, so können Elektronen von einem Atom zum anderen übergehen. Das wird durch die Funktion

$$\psi_{k_m}(x) = \frac{1}{\sqrt{N}} \sum_{n=0}^{N-1} \mathrm{e}^{ikna} \chi_m(x - na)$$

beschrieben (als LCAO-Funktion bezeichnet: linear combination of atomic orbitals). Für diese ist die Aufenthaltswahrscheinlichkeit $\psi_{km}^* \psi_{km} = \frac{1}{N} \sum_{n,n'} \mathrm{e}^{ik(n-n')a}$ $\times \chi_m^*(x - n'a)\chi(x - na) = \frac{1}{N} \sum_n \chi_m^*(x - na)\, \chi_m(x - na)$ (Überlappungen vernachlässigt). Alle Glieder der zweiten Summe sind gleich groß, ψ_{k_m} beschreibt also einen Zustand, bei dem das Elektron mit gleicher Wahrscheinlichkeit an jedem Atom anzutreffen ist.

Diese Funktion ist außerdem BLOCH-Funktion, es ist

$$\psi_{k_m}(x + a) = \mathrm{e}^{ika}\, \psi_{k_m}(x),$$

wie man leicht nachrechnen kann. Sie kann also zur Berechnung der Energieniveaus im Kristall benutzt werden. Für die Atomfunktionen gilt mit dem Atompotential $W(x)$

$$-\frac{\hbar^2}{2m}\chi_m(x-na)+W(x-na)\,\chi_m(x-na)$$
$$=E_m^{at}\chi_m(x-na)$$

unabhängig von n. Daher wird

$$-\frac{\hbar^2}{2m}\Delta\psi_{km}=\frac{1}{\sqrt{N}}\sum_{n=0}^{N-1}e^{ikna}\left(-\frac{\hbar^2}{2m}\Delta\chi_m(x-na)\right)$$
$$=\frac{1}{\sqrt{N}}\sum_{n-0}^{N-1}e^{ikna}\big(E_m{}^{at}-W(x)\big)-na\cdot\chi_m(x-na)$$

und die Schrödingergleichung

$$-\frac{\hbar^2}{2m}\Delta\psi_{km}+V(x)\psi_{km}=E_{km}\,\psi_{km}$$

geht über in

$$\frac{1}{\sqrt{N}}\sum_{n=0}^{N-1}e^{ikna}\,(E_m{}^{at}-E_{km})\,\chi_m(x-na)$$
$$+\frac{1}{\sqrt{N}}\sum_{n=0}^{N-1\;(n-l)}e^{ikna}\big(V(x)-W(x-na)\big)\,\chi_m(x-na)=0$$

Multipliziert man mit $e^{-ikla}\chi_m{}^*(x-la)$ und integriert von 0 bis Na, so wird in der ersten Summe wegen der geringen Überlappung nur der Term mit $n=l$ einen wesentlichen Beitrag liefern, von der zweiten Summe werden dem aus gleichen Grund nur die Glieder mit $n=l$ und $n=l\pm 1$ berücksichtigt. Man erhält dann

$$E_{km}=E_m{}^{at}-\sum_{n=l-1}^{l+1}e^{ik(n-l)a}\int_0^N\big(V(x)-W(x-na)\big)$$
$$\times\,\chi_m(x-na)\,\chi_m{}^*(x-la)\,dx.$$

Das Glied mit $n = l$ in der zweiten Summe ist von k unabhängig und wird gleich $-\alpha_m$ gesetzt, die Glieder mit $n = l + 1$ und $n = l - 1$ sind einander bis auf den Exponentialfaktor gleich und werden gleich $-\beta_m \exp(\pm\, i k a)$ gesetzt. Damit wird

$$E_{km} = E_m{}^{at} - \alpha_m - 2\beta_m \cos ka\,.$$

α_m beschreibt eine von k unabhängige Senkung der mittleren Energie der Elektronen (die die Ursache für die chemische Bindung im Festkörper ist), β_m die Aufspaltung der atomaren Energienivieaus $E_m{}^{at}$ in ein Band mit der Breite $4\beta_m$. Der untere Rand dieses Bandes liegt bei $k = 0$, der obere bei $k = \pi/a$.

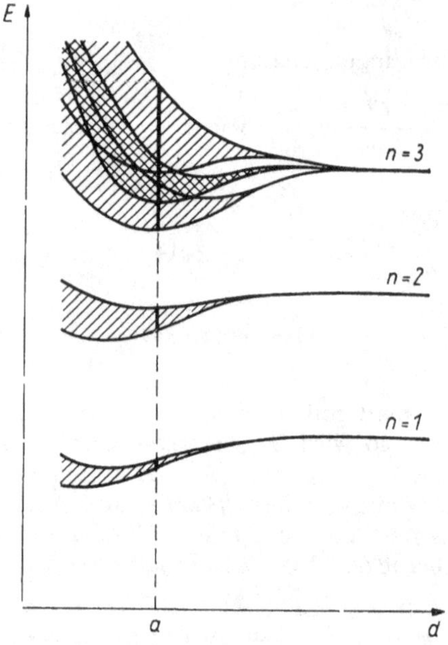

Abb. 5 – 3. Aufspaltung von Atomniveaus zu Energiebändern bei zunehmender Annäherung der Atome (d = (gedachter) Abstand der Atome, a Gitterkonstante)

Als wesentlichstes Ergebnis dieser Betrachtungen ergibt sich folgendes. Bei der Annäherung der Atome geht aus jedem Energieniveau des Atoms ein Band hervor, dessen Breite mit wachsender Annäherung der Atome zunimmt, da β_m infolge der wachsenden Überlappung größer wird. Bei hohen Bändern kommt es dabei häufig zu einer Überlappung der Energiebänder, wie es Abb. 5—3 für das im freien Atom entartete Niveau mit $n = 3$ zeigt.

5.2. *Die Bewegung eines Elektrons in einem eindimensionalen Modell*

In der Abhängigkeit $E_n(k)$ ist, wie aus den Rechnungen des vorigen Abschnitts hervorgeht, die Einwirkung des gitterperiodischen Potentials auf das Elektron enthalten. Daher lassen sich aus dem Verlauf $E_n(k)$ auch die dynamischen Eigenschaften des Elektrons, beschrieben durch seine effektive Masse, berechnen.

Für freie Elektronen gilt $E = \frac{\hbar^2 k^2}{2m}$ und $p = \hbar k$, also $v = \hbar k/m$. Differenziert man E nach k, so wird $\frac{\partial E}{\partial k} = \frac{\hbar^2 k}{m}$, $v = \frac{1}{\hbar}\frac{\partial E}{\partial k}$, woraus $\dot{v} = \frac{1}{\hbar}\frac{\partial^2 E}{\partial k^2} \cdot \dot{k}$ folgt.

Da ferner $\dot{p} = \hbar\dot{k} = F$ ist, wird $\dot{v} \cdot \left(\frac{1}{\hbar^2}\frac{\partial^2 E}{\partial k^2}\right)^{-1} = F$.

Der Vergleich mit der Bewegungsgleichung $m_{\text{eff}} \cdot \dot{v} = F$ im Kristall ergibt für die effektive Masse $m_{\text{eff}} = \left(\frac{1}{\hbar^2}\frac{\partial^2 E}{\partial k^2}\right)^{-1}$. Stark gekrümmte Bänder liefern also kleine effektive Massen, wenig gekrümmte große.

Im allgemeinen hängt die effektive Masse von k ab. Beispielsweise ergibt sich in der Näherung der Linearkombinationen von Atomfunktionen aus der dort abgeleiteten Energieformel

$$m_{\text{eff}} = \frac{\hbar^2}{2\beta_m(a) \cdot a^2 \cos ka}.$$

Die effektive Masse ist also am unteren Bandrand positiv, geht in der Mitte des Bandes gegen unendlich und wird am oberen Rand des Bandes negativ (Abb. 5—4). In der Näherung fast freier Elektronen ergibt sich qualitativ das gleiche.

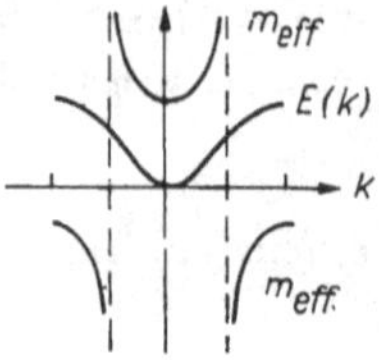

Abb. 5 – 4. $E(k)$ und effektive Masse m_{eff} als Funktion von k für ein eindimensionales Gitter

Eine negative effektive Masse bedeutet, daß das Kristallelektron entgegengesetzt zu einer wirkenden Kraft beschleunigt wird, oder anders ausgedrückt, unter dem Einfluß einer äußeren Kraft Energie abgibt. Dieses vom normalen abweichende Verhalten zeigt vielleicht am eindruckvollsten den großen Einfluß des Gitterpotentials auf die Bewegung des Elektrons.

5.3. Elektronenzustände im dreidimensionalen Kristallgitter

Ähnlich wie die Gitterschwingungsspektren (vgl. Abschn. 3.3) lassen sich die Energiebänder im dreidimensionalen Kristall prinzipiell in gleicher Weise berechnen wie im eindimensionalen Fall, selbstverständlich mit höherem rechentechnischen Aufwand.

Wesentliche Änderungen gegenüber dem eindimensionalen Fall sind:

1. Der Quasiimpuls k wird ein Vektor $\boldsymbol{k}$, dessen Variationsbereich die 1. Brillouin-Zone ist. Sie hat für die häufig vorkommenden kubisch-flächenzentrierten Gitter die in Abb. 3—4 dargestellte Form. Innerhalb dieser Brillouin-Zone kann $\boldsymbol{k}$ insgesamt N^3 Werte

annehmen, wenn man der Rechnung ein Grundgebiet von N^3 Elementarzellen zugrunde legt. Die $\boldsymbol{k}$-Werte sind äquidistant verteilt.

2. Die Wellenfunktionen lauten

$$\psi_{\boldsymbol{k}_n}(\boldsymbol{r}) = u_{\boldsymbol{k}_n}(\boldsymbol{r})\, \mathrm{e}^{i\boldsymbol{k}\boldsymbol{r}},$$

wobei $u_{\boldsymbol{k}_n}(\boldsymbol{r})$ gitterperiodisch ist.
Die Aufenthaltswahrscheinlichkeit des Elektrons in dem durch $\psi_{\boldsymbol{k}_n}(\boldsymbol{r})$ beschriebenen Zustand ist $u^*_{\boldsymbol{k}_n} u_{\boldsymbol{k}_n}$ und mit $u_{\boldsymbol{k}_n}(\boldsymbol{r})$ gitterperiodisch, d. h. das Elektron befindet sich mit gleicher Wahrscheinlichkeit in allen Elementarzellen. Die zugehörige Energie ist eine Funktion von $\boldsymbol{k} : E_{\boldsymbol{k}_n} = E_n(\boldsymbol{k})$, d. h. jedem $\boldsymbol{k}$-Vektor ist eine Folge von Energiewerten $E_{\boldsymbol{k}_n}$ zugeordnet, die aus den Energiewerten der freien Atome hervorgeht, die am Aufbau des Kristalls beteiligt sind. Die zu festem n gehörigen Energiewerte bilden ein Band mit genau N^3 erlaubten Zuständen.

3. Die effektive Masse ist im Dreidimensionalen im allgemeinen kein Skalar, sondern ein symmetrischer Tensor

$$\frac{1}{m_{\text{eff}}} = \frac{1}{\hbar^2} \begin{pmatrix} \dfrac{\partial^2 E}{\partial k_x^2} & \dfrac{\partial^2 E}{\partial k_x\, \partial k_y} & \dfrac{\partial^2 E}{\partial k_x\, \partial k_z} \\ \dfrac{\partial^2 E}{\partial k_y\, \partial k_x} & \dfrac{\partial^2 E}{\partial k_y^2} & \dfrac{\partial^2 E}{\partial k_y\, \partial k_z} \\ \dfrac{\partial^2 E}{\partial k_z\, \partial k_x} & \dfrac{\partial^2 E}{\partial k_z\, \partial k_y} & \dfrac{\partial^2 E}{\partial k_z^2} \end{pmatrix}$$

der durch die in verschiedenen Richtungen im $\boldsymbol{k}$-Raum unterschiedlichen Bandkrümmungen bestimmt wird. Die effektive Masse hängt also von der Richtung ab, einwirkende Kraft und resultierende Beschleunigung sind im allgemeinen nicht parallel.

Zur graphischen Veranschaulichung des Verlaufs der Energiebänder kann man drei Wege einschlagen.

Die erste Möglichkeit besteht darin, den Verlauf von E_{k_n} für bestimmte Richtungen von $\boldsymbol{k}$ aufzutragen, In kubischen Kristallen wählt man dazu üblicherweise die 100- und die 111-Richtung. Abweichend vom Verlauf im eindimensionalen Modell können dabei folgende Besonderheiten auftreten (s. Abb. 5–5):

a) Zwei oder mehrere Bänder können bei einem bestimmten $\boldsymbol{k}$-Wert zusammenhängen (Entartung in diesem Punkt).

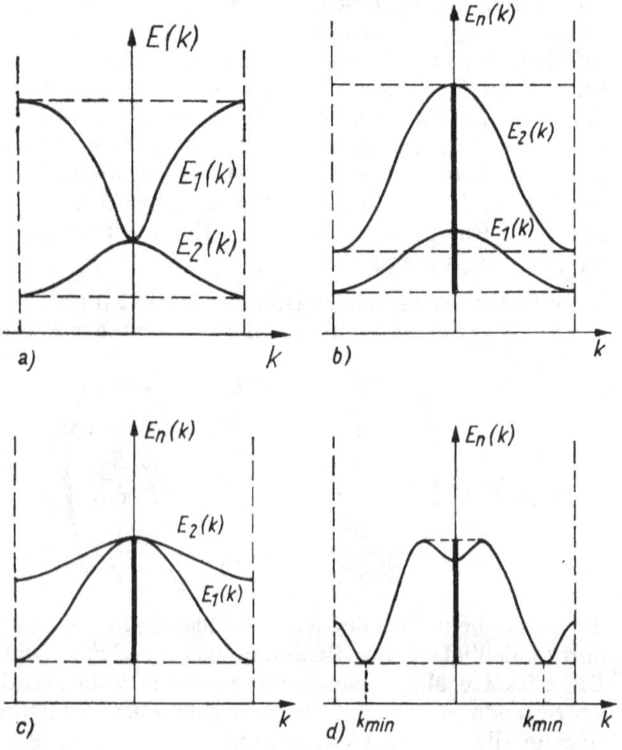

Abb. 5–5. Spezielle Formen von Energiebändern a) Zusammenhang (Entartung) bei $k = 0$ b) Überlappung c) Gleichzeitige Entartung und Überlappung d) Vieltalstruktur (äquivalente Minima bei k_{min})

b) Zwei oder mehrere Bänder können bei verschiedenen **k**-Werten die gleiche Energie erreichen. Man spricht dann von Überlappung.

c) Gleichzeitige Entartung und Überlappung.

d) Liegt ein Bandrand nicht bei $\boldsymbol{k} = 0$, so treten aus Symmetriegründen mehrere gleichartige Extrema der Energie bei verschiedenen **k**-Werten auf. In diesem Falle spricht man von einer Vieltalstruktur.

Als konkretes Beispiel ist in Abb. 5–6 die Bandstruktur des Si dargestellt.

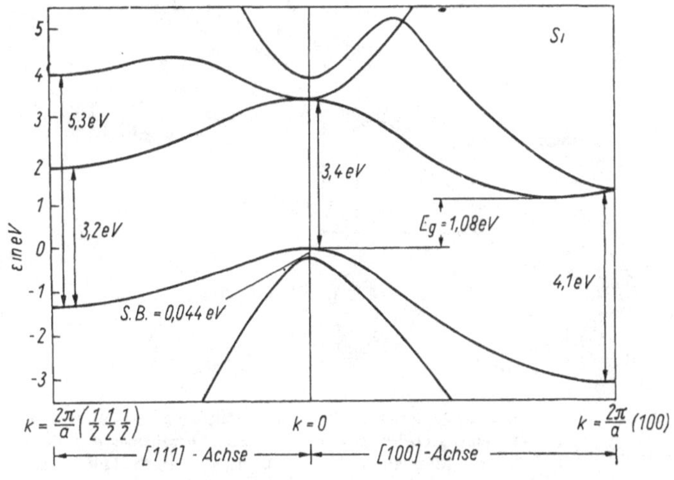

Abb 5–6. **Bandstruktur von Silizium in der Umgebung der Bandlücke E_g. S. B. bezeichnet die Aufspaltung im Maximum des unteren Bandes (Valenzbandes) infolge Spin-Bahn-Wechselwirkung.**

Als zweite Möglichkeit kann man Flächen konstanter Energie im **k**-Raum konstruieren. In der Nähe des Bandrandes sind das bei isotroper effektiver Masse Kugeln, bei anisotroper effektiver Masse dagegen Ellipsoide.

Bei überlappenden Energiebändern bestehen die Flächen konstanter Energie aus mehreren konzentrischen

Teilflächen. Bei einer Vieltalstruktur besteht die Energiefläche in der Nähe des Bandminimums aus mehreren Ellipsoiden um die $\boldsymbol{k}$-Werte, für die die Energie ein Minimum hat (Abb. 5—7).

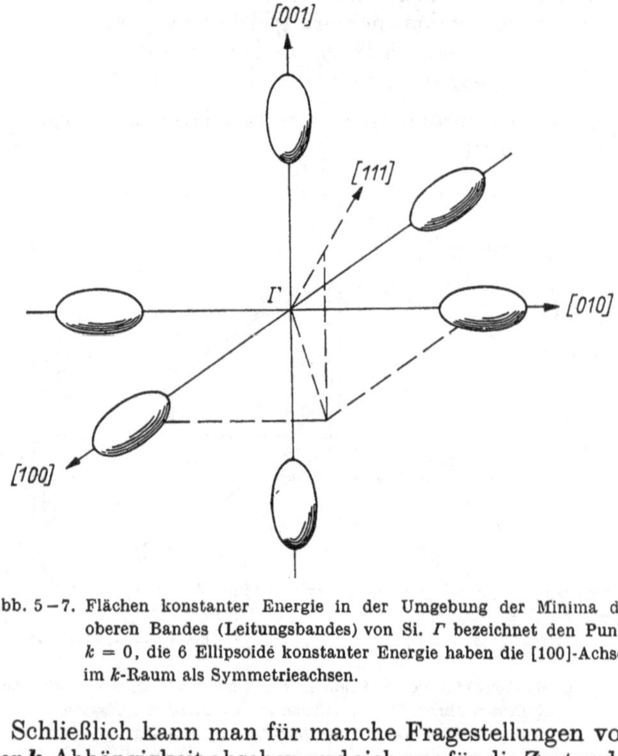

Abb. 5—7. Flächen konstanter Energie in der Umgebung der Minima des oberen Bandes (Leitungsbandes) von Si. Γ bezeichnet den Punkt $k = 0$, die 6 Ellipsoide konstanter Energie haben die [100]-Achsen im k-Raum als Symmetrieachsen.

Schließlich kann man für manche Fragestellungen von der $\boldsymbol{k}$-Abhängigkeit absehen und sich nur für die Zustandsdichte $Z(E)$ interessieren. $Z(E)\,\mathrm{d}E$ gibt dabei die Zahl der erlaubten Energiezustände zwischen E und $E + \mathrm{d}E$ an, ist also nur innerhalb der Bänder von Null verschieden.

Da die erlaubten Energiewerte äquidistant liegen, ergibt sich $Z(E)\,\mathrm{d}E$ aus dem Verhältnis des Volumens zwischen den Energieflächen E und $E + \mathrm{d}E$ zum Volumen der BRILLOUIN-Zone $8\pi^3/V_{\mathrm{EZ}}$ (V_{EZ} ist das Volumen der Elementarzelle des Kristalls):

$$\frac{Z(E)\,\mathrm{d}E}{N^3} = \int \mathrm{d}^3k \bigg/ \frac{8\pi}{V_{\mathrm{EZ}}}.$$

Das Volumenelement $\mathrm{d}^3\boldsymbol{k}$ im $\boldsymbol{k}$-Raum kann man auch als $\mathrm{d}\sigma\,\mathrm{d}k$ schreiben (vgl. Abb. 5–8), wegen $\mathrm{d}E = |\mathrm{grad}_{\boldsymbol{k}} E|\mathrm{d}k$ wird dann

$$Z(E) = N^3 \frac{V_{\mathrm{EZ}}}{8\pi^3} \int\limits_{E=\mathrm{const}} \frac{\mathrm{d}\sigma}{|\mathrm{grad}_{\boldsymbol{k}}\, E(\boldsymbol{k})|} = \frac{\Omega}{8\pi^3} \int\limits_{E=\mathrm{const}} \frac{\mathrm{d}\sigma}{|\mathrm{grad}_{\boldsymbol{k}}\, E(\boldsymbol{k})|},$$

wobei Ω das Volumen des Grundgebietes ist.

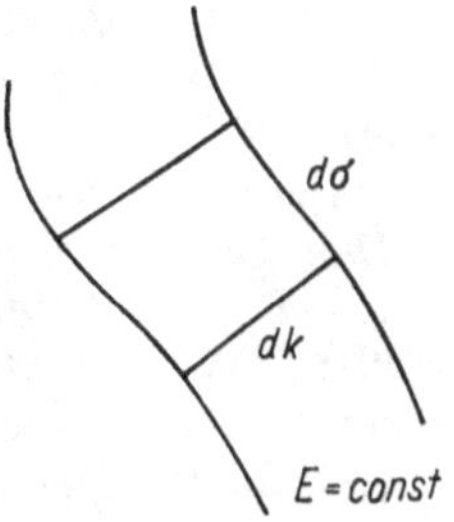

Abb. 5–8. Zur Ableitung der Gleichung für die Zustandsdichte $Z(E)$. $d\sigma$ ist das Flächenelement auf der Fläche E = const im k-Raum.

In der Nähe eines Bandrandes ist bei isotroper effektiver Masse $E = \dfrac{\hbar^2 k^2}{2m_{\mathrm{eff}}}$ und die Flächen $E = \mathrm{const}$ sind Kugeln. Damit wird

$$k = \sqrt{\frac{2m_{\mathrm{eff}}E}{\hbar^2}} \quad \text{und} \quad \int \frac{\mathrm{d}\sigma}{|\mathrm{grad}_{\boldsymbol{k}}\, E|} = \int \frac{\mathrm{d}\sigma}{\dfrac{\hbar^2}{m_{\mathrm{eff}}}k}$$

$$= \frac{4\pi k^2}{\dfrac{\hbar^2}{m_{\mathrm{eff}}}k} = \frac{4\pi m_{\mathrm{eff}}}{\hbar^3}\sqrt{2m_{\mathrm{eff}}E},$$

und man erhält

$$Z(E) = 2\pi\Omega \left(\frac{2m_{\text{eff}}}{\hbar^2}\right)^{3/2} \sqrt{E}\,.$$

Neben der Möglichkeit, $Z(E)$ in der skizzierten Weise aus der Bandstruktur zu berechnen, existieren auch experimentelle Methoden, die direkt $Z(E)$ liefern (s. Abschnitt 6.1.1.).

5.4. Energieniveaus von Gitterstörungen

Die bisherigen Überlegungen bezogen sich auf das ideale Gitter. In Wirklichkeit sind jedoch in jedem Kristall eine Vielzahl von Gitterstörungen vorhanden, die Veranlassung zu Energiezuständen geben, die im Gegensatz zu den Bandzuständen lokalisiert sind, d. h., die Aufenthaltswahrscheinlichkeit eines Elektrons in einem Störstellenniveau ist nur in der Umgebung dieser Störstelle von Null verschieden.

Den größten Einfluß auf die elektrischen und optischen Eigenschaften von Festkörpern haben Punktstörstellen. Davon sind am eingehendsten die Substitutionsstörstellen untersucht, die von Elementen der 3. Gruppe (B, Al, Ga, In, Tl) oder der 5. Gruppe (P, As, Sb, Bi) in den Elementhalbleitern Ge und Si (4. Gruppe) gebildet werden.

Die Elemente der 5. Gruppe bilden sog. Donatoren. Sie haben verglichen mit den Atomen des Grundgitters ein Elektron mehr, das sie leicht an das gesamte Kristallgitter abgeben können (es wird für die Bindung zu den Nachbaratomen nicht benötigt). Es bleibt dann ein positiv geladener Atomrumpf zurück, in dessen Feld sich das abgegebene Elektron bewegt (Abb. 5–9). Es hat dabei die potentielle Energie $V(r) = -\frac{e^2}{4\pi\varepsilon\varepsilon_0 r}$. ε ist die Dielektrizitätskonstante des Kristalls, also eine makroskopische Größe. Ihre Verwendung in obiger Formel ist nur richtig, wenn man die Bewegung des Elektrons im Bereich vieler Gitterkonstanten betrachtet. Obige Formel gilt hingegen nicht für die Rumpfelektronen, bei ihnen ist $\varepsilon = 1$ zu setzen.

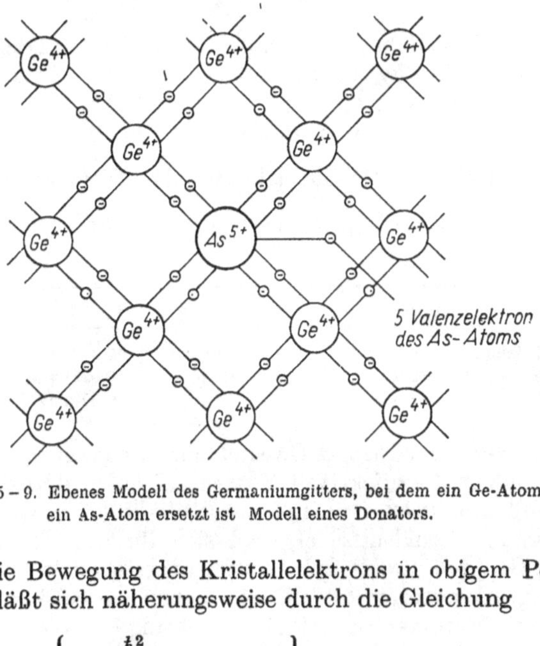

Abb. 5 – 9. Ebenes Modell des Germaniumgitters, bei dem ein Ge-Atom durch ein As-Atom ersetzt ist Modell eines Donators.

Die Bewegung des Kristallelektrons in obigem Potential läßt sich näherungsweise durch die Gleichung

$$\left\{-\frac{\hbar^2}{2m_{\text{eff}}}\Delta + V(r)\right\}\varphi(\boldsymbol{r}) = E\varphi(\boldsymbol{r})$$

beschreiben (Effektive-Masse-Näherung). Dies ist die Gleichung für ein Wasserstoffatom mit der Elektronenmasse m_{eff} in einem Medium der Dielektrizitätskonstante ε. Als Lösungen erhält man daher wasserstoffähnliche Funktionen und Energiewerte.

Die mittlere Ausdehnung der Wellenfunktion mit der Hauptquantenzahl n wird daher durch

$$a_n = n a_0 = n \frac{\varepsilon}{m_{\text{eff}}} a_B \qquad (a_B = 0{,}529 \text{ Å}: \text{Bohrscher}$$

Radius), die Energie in diesem Zustand durch

$$E_D = E_c - E_B \cdot \frac{1}{n^2} = E_c - \frac{m_{\text{eff}}}{\varepsilon^2} E_{\text{eff}} \cdot \frac{1}{n^2}$$

gegeben. E_c ist dabei die Energie des unteren Randes des Leitungsbandes, E_H die Bindungsenergie eines Elektrons mit einem Wasserstoffatom ($E_H = 13{,}6$ eV). Gegenüber dem Wasserstoffatom sind also alle Energiewerte mit dem Faktor $\frac{m_{\text{eff}}}{\varepsilon^2}$, die Ausdehnung der Wellenfunktion mit dem Faktor $\varepsilon/m_{\text{eff}}$ zu multiplizieren (siehe folgende Tabelle).

	Gitterkonst.	ε	a_0	E_B
H-Atom	–	1	0,529 Å	13,6 eV
Si	5,42 Å	12	19 Å	0,031 eV
Ge	5,65 Å	16	46 Å	0,0098 eV

Die a_0-Werte für Si und Ge sind nur Richtwerte, da in Wirklichkeit die effektiven Massen anisotrop und daher die Wellenfunktionen nicht wasserstoffähnlich sind.

Analoge Verhältnisse ergeben sich für die Elemente der 3. Gruppe, die als Substitutionsstörstellen in Si und Ge sog. Akzeptoren bilden. Sie haben gegenüber den Grundgitteratomen ein Elektron weniger, was einem positiv geladenen „Loch“ oder Defektelektron gegenüber dem reinen Ge-Kristall entspricht (Abb. 5–10). Die Bindungsenergie dieses Defektelektrons kann man ähnlich wie die des Donatorelektrons berechnen und erhält ein wasserstoffähnliches Termschena in der Nähe des oberen Randes des Valenzbandes. In Abb. 5–11 sind die Verhältnisse für Donatoren und Akzeptoren schematisch dargestellt. Unter der Abszisse kann man sich hier eine Ortskoordinate vorstellen, die Länge der Störstellenniveaus ist dann ein Maß für die Ausdehnung der zugehörigen Wellenfunktion. Beide erzeugen also lokalisierte Energieniveaus in der verbotenen Zone. Verunreinigungen mit anderen Elementen führen im allgemeinen zu tiefer liegenden Störstellenniveaus, die dann auch entsprechend stärker lokalisiert sind. Alle diese Niveaus bestimmen in starkem Maße das elektrische und optische Verhalten von Halbleitern und Isolatoren.

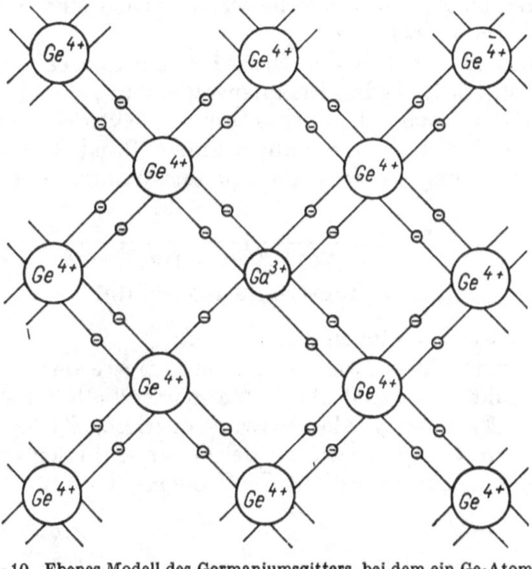

Abb. 5 – 10. Ebenes Modell des Germaniumsgitters, bei dem ein Ge-Atom durch ein Ga-Atom ersetzt ist: Modell eines Akzeptors.

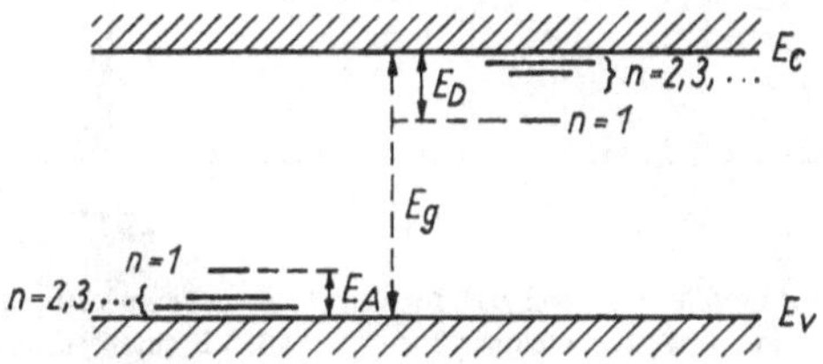

Abb. 5 – 11. Energieschema eines Halbleiters mit Donatoren und Akzeptoren. Die Abszisse entsprechen der Ortskoordinate; die Strichlängen der Energieniveaus der räumlichen Ausdehnung der zugehörigen Wellenfunktion

5.5. *Die Verteilung der Elektronen auf die Energieniveaus*

Um aus dem Verhalten des einzelnen Elektrons auf das der Elektronengesamtheit zu schließen, hat man die vorhandenen Energieniveaus entsprechend der Statistik mit den im Festkörper vorhandenen quasifreien Kristallelektroden zu besetzen.

Elektronen haben den Spin 1/2, unterliegen also der Fermistatistik. Jedes Energieniveau kann dabei wegen des Pauliprinzips höchstens mit 2 Elektronen besetzt werden. Das bedeutet, daß in einem Band $2N^3$ Plätze zur Verfügung stehen[1]), die mit der Wahrscheinlichkeit

$$f(E, T) = \frac{1}{\exp\left[(E - E_F)/\varkappa T\right] + 1}$$

($\varkappa$ = Boltzmann-Konstante)

besetzt werden können (Abb. 5–12).

Wir betrachten zunächst die Verhältnisse am absoluten Nullpunkt. Dort sind alle Niveaus unterhalb der Fermigrenze E_F besetzt, alle Niveaus oberhalb E_F leer. Die Lage von E_F ergibt sich aus der Gesamtzahl der vorhandenen Energieniveaus und Elektronen.

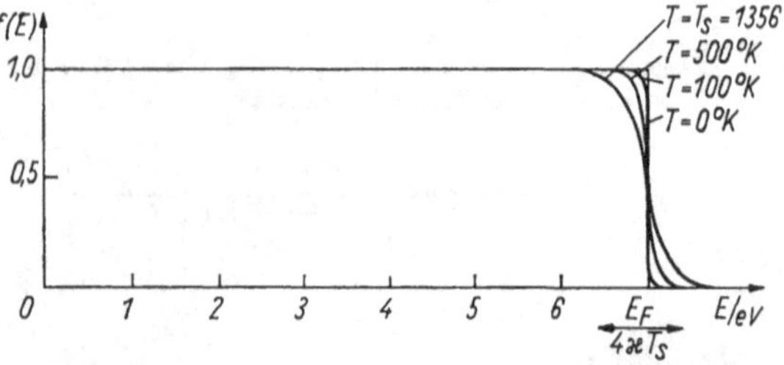

Abb. 5–12. Fermi-Funktionen $f(E)$ für verschiedene Temperaturen E_F = 7 eV und die Schmelztemperatur T_S = 1356 K entsprechen den Werten für Kupfer.

---

1) Die Zustandsdichte (Abschn. 5.3) ist dementsprechend mit dem Faktor 2 zu multiplizieren.

Prinzipiell sind 2 Fälle möglich:

1. Das oberste Band, das Elektronen enthält, ist voll besetzt.
2. Das oberste Band, das Elektronen enthält, ist teilweise besetzt.

Im zweiten Fall ist der Kristall ein Metall. Beim Anlegen eines elektrischen Feldes werden die Elektronen entsprechend ihrer effektiven Masse beschleunigt, es fließt ein Strom.

Ist dagegen das Band vollständig gefüllt, so ist eine Beschleunigung nicht möglich. Sie würde eine Energieaufnahme bedeuten, die nicht stattfinden kann, weil keine Energieniveaus zur Verfügung stehen, die durch stetige Energieänderung erreichbar wären. Der Kristall ist also in diesem Falle ein Isolator.

Das letzte bei $T = 0$ K voll besetzte Band wird als Valenzband, das nächste darüberliegende Band als Leitungsband bezeichnet. Diese beiden Bänder sind für die elektronischen Eigenschaften der Festkörper am wichtigsten, da man für viele Betrachtungen die vollständig gefüllten tieferen Bänder vernachlässigen kann (beispielsweise tragen sie nichts zur spezifischen Wärme bei, da die Energie der dort befindlichen Elektronen temperaturunabhängig ist).

Bei Kristallen mit einfachen Gittern (1 Atom pro Elementarzelle) läßt sich der Leitfähigkeitscharakter allein aus der Elektronenzahl voraussagen. Ist sie ungerade, so kann das höchste Band nur halb besetzt sein, der Stoff ist ein Metall. Dies trifft für Alkali- und Edelmetalle zu. Bei Atomen mit gerader Elektronenzahl ist keine eindeutige Voraussage möglich. Ohne Bandüberlappung wären alle Bänder voll und der Kristall ein Isolator, bei Bandüberlappung kann jedoch auch ein Metall vorliegen. Beispiele dafür sind die Erdalkalimetalle. Genaue Voraussagen sind hier ebenso wie bei Kristallen mit zusammengesetzten Gittern (mehr als ein Atom pro Elementarzelle) nur durch genaue Bandstrukturberechnungen möglich.

Bei höheren Temperaturen behält die Einteilung in Metalle und Isolatoren ihre Gültigkeit, solange die mittlere thermische Energie $\varkappa T$ ($\approx 0{,}025$ eV bei Zimmertemperatur) noch klein gegen die Breite der verbotenen Zone ist. Ist diese jedoch vergleichbar mit der thermischen Energie $\varkappa T$, so sind entsprechend der Fermiverteilungsfunktion einige Zustände am unteren Rand des Leitungsbandes mit Elektronen besetzt, einige Zustände am oberen Rand des Valenzbandes leer. Beide Ränder können daher zum Stromtransport beitragen. Einen derartigen Stoff bezeichnet man als *Eigenhalbleiter*.

Zur Beschreibung des Stromtransports in einem nahezu gefüllten Band führt man den Begriff Defektelektron oder „Loch" ein. Zu dieser Vorstellung gelangt man wie folgt. Die Bewegungsgleichung eines Kristallelektrons mit der Masse m_{eff} und der Ladung $-\mathrm{e}$ im elektrischen Feld E lautet

$$m_{\mathrm{eff}} v = {}^{-}\mathrm{e} E .$$

Sie bleibt unverändert, wenn man gleichzeitig $^{-}\mathrm{e}$ durch $^{+}\mathrm{e}$ und m_{eff} durch $-m_{\mathrm{eff}}$ ersetzt, d. h. wenn man anstelle des Elektrons ein Teilchen mit positiver Ladung und negativer effektiver Masse betrachtet. Dabei sind gleichzeitig auch die kinetischen Energie (wegen der Masse) und die potentielle Energie (wegen der Umkehrung der Kraftrichtung) negativ zu rechnen.

Die Verteilung der Löcher auf die Bandzustände folgt aus der der Elektronen. Da ein Zustand mit der Wahrscheinlichkeit

$$f_n = \frac{1}{\mathrm{e}^{(E_n - E_{nF})/\varkappa T} + 1}$$

mit einem Elektron besetzt ist, ist er mit der Wahrscheinlichkeit

$$f_p = 1 - f_n = \frac{\mathrm{e}^{(F_n - F_{nF})/\varkappa T}}{\mathrm{e}^{(E_n - E_{nF})/\varkappa T} + 1} = \frac{1}{\mathrm{e}^{-(E_n - E_{nF})/\varkappa T} + 1}$$

$$= \frac{1}{\mathrm{e}^{(E_p - E_{pF})/\varkappa T} + 1}$$

mit einem Loch besetzt, d. h. leer. (Die Indices *n* (negativ) bzw. *p* (positiv) geben an, ob es sich um Elektronen oder Löcher handelt.)

Solange man die Wechselwirkung der Elektronen untereinander vernachlässigt (was hier stets vorausgesetzt wurde), ist es im Prinzip gleichgültig, ob man die Verhältnisse in einem teilweise gefüllten Band durch Elektronen oder Defektelektronen beschreibt. Das Operieren mit dem Defektelektronenbegriff bringt jedoch Vorteile, wenn man fast volle Bänder betrachtet. Dann enthält das betreffende Band nur wenige Defektelektronen am oberen Rand. Dort ist die effektive Masse der Elektronen negativ, die der Löcher also positiv und kann außerdem in vielen Fällen auch als konstant angenommen werden.

Außer in den oben erwähnten Eigenleitern kann man jedoch in vielen Stoffen, deren verbotene Zone wesentlich größer als die thermische Energie ist, eine merkliche Leitfähigkeit nachweisen. Sie wird durch Verunreinigungen verursacht, weshalb derartige Stoffe als *Störstellenhalbleiter* (Störleiter) bezeichnet werden. Beispielsweise werden durch den Einbau von Donatoren überschüssige Elektronen in den Kristall gebracht, die keinen Platz im Valenzband haben (vgl. Abschn. 5.4). Am absoluten Nullpunkt sind sie am Donator mit der Bindungsenergie E_B gebunden. Da dieser Zustand lokalisiert ist, tragen sie nichts zum Stromtransport bei. Bei Temperaturen, bei denen die mittlere thermische Energie vergleichbar mit E_B wird, geht entsprechend der Verteilungsfunktion ein Teil der Elektronen in das Leitungsband über. Der Stoff wird zu einem Störstellenhalbleiter vom *n*-Typ (*n*-Leiter), bei dem im Gegensatz zum Eigenhalbleiter der Stromtransport nur durch Elektronen erfolgt.

Analog bewirkt der Einbau von Akzeptoren das Auftreten von Löchern, die bei tiefen Temperaturen an den Akzeptorniveaus in der Nähe des Valenzbandes lokalisiert sind. Wird die thermische Energie mit der Akzeptorbindungsenergie vergleichbar, so entstehen Löcher im Valenzband, wo sie zum Stromtransport beitragen (es werden durch die thermische Energie Elektronen aus dem Valenzband in die höher liegenden Akzeptorniveaus „gehoben“ oder anders ausgedrückt, Löcher aus den Akzeptorniveaus ins Valenzband angeregt). Der Stoff wird zu einem Störstellenhalbleiter vom p-Typ (p-Leiter), da der Stromtransport hier ausschließlich durch die positiven Löcher erfolgt.

Da es verunreinigungsfreie Festkörper nicht gibt, verfügen in Wirklichkeit alle Isolatoren über eine gewisse Leitfähigkeit, der Unterschied zwischen Isolatoren und Halbleitern ist also kein prinzipieller, sondern nur ein gradueller.

5.6. *Spezifische Wärme der Elektronen*

Aus der Temperaturabhängigkeit der Besetzung der Energieniveaus läßt sich unmittelbar der Elektronenanteil der spezifischen Wärme eines Festkörpers (C_v^{el}) berechnen. Er ergibt sich aus der Ableitung der Energie aller Elektronen nach der Temperatur. Die Energie der Elektronen in den vollständig gefüllten Bändern ist temperaturunabhängig, da ebenso wie beim Anlegen eines elektrischen Feldes ein Übergang von Elektronen in höhere Energiezustände nicht möglich ist. Elektronen in gefüllten Bändern tragen daher nichts zur spezifischen Wärme bei. Der Anteil der Leitungselektronen und Löcher in Halbleitern ist zu vernachlässigen, da ihre Konzentration viel kleiner als die der Gitterbausteine ist.

Für Metalle berechnen wir C_v^{el} unter der Annahme eines parabolischen Leitungsbandes, d. h. wir betrachten ein „Gas“ quasifreier Elektronen mit der effektiven Masse m_{eff}.

Nach Abschnitt 5.3 ist die Zustandsdichte pro Volumeneinheit ($\Omega = 1$) bei Berücksichtigung des Spins (Faktor 2) in diesem Fall durch

$$Z(E) = 4\pi \left(\frac{2m_{\text{eff}}}{h^2}\right)^{3/2} \sqrt{E}$$

gegeben ($E = 0$ am unteren Rand des Leitungsbandes).

Bei $T = 0$ K ist das Leitungsband bis zur Energie $E_F{}^0$ gefüllt, darüber leer. E_F ergibt sich aus der Elektronenkonzentration

$$N = \int_0^{E_F{}^0} Z(E)\,\mathrm{d}E = \int_0^{E_F{}^0} 4\pi \left(\frac{2m_{\text{eff}}}{h^2}\right)^{3/2} \sqrt{E}\,\mathrm{d}E$$

$$= \frac{8\pi}{3} \left(\frac{2m_{\text{eff}}}{h^2}\right)^{3/2} (E_F{}^0)^{3/2}$$

zu $E_F{}^0 = \dfrac{h^2}{2m_{\text{eff}}} \left(\dfrac{3N}{8\pi}\right)^{2/3}$ (für Silber mit einer Konzentration von $5{,}9 \cdot 10^{22}$ cm^{-3}, d. h. 1 Leitungselektron pro Atom, und $m_{\text{eff}} = m_{\text{frei}}$ wird $E_F{}^0 \approx 5$ eV). Analog ergibt sich die Energie der Leitungselektronen zu

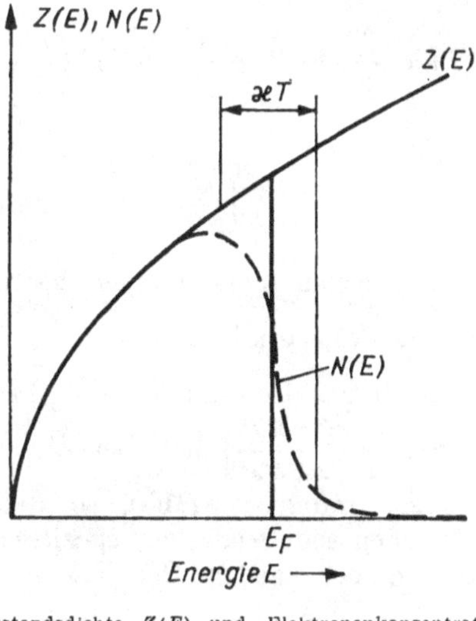

Abb. 5 – 13. Zustandsdichte $Z(E)$ und Elektronenkonzentration $N(E)$ als Funktion der Energie in einem parabolischen Band Bei $T = 0$ K sind alle Zustände unterhalb von E_F besetzt.

$U = \int\limits_0^{E_F^0} E\,Z(E)\,\mathrm{d}E = \frac{3}{5}\,N \cdot E_F^0$, d. h. ein Elektron hat im Mittel die Energie $\frac{3}{5}\,E_F^0$. Bei höheren Temperaturen ist im Integranden entsprechend der Besetzungswahrscheinlichkeit $Z(E)$ durch $N(E) = Z(E)\,f(E)$ und die obere Grenze durch ∞ zu ersetzen. Die Elektronenkonzentration $N(E)$ hat den in Abb. 5—13 dargestellten Verlauf. Die Auswertung der entsprechenden Integrale, die $f(E)$ enthalten, ist näherungsweise durch Reihenentwicklung des Integranden nach $\varkappa T/E_F^0$ in der Nähe von E_F^0 möglich, da $E_F^0/\varkappa$ 60000 K beträgt, $\varkappa T/E_F^0$ also stets $\ll 1$ ist. Damit erhält man

$$E_F(T) = E_F^0 \left[1 - \frac{\pi^2}{12}\left(\frac{\varkappa T}{E_F^0}\right)^2\right]$$

und

$$U(T) = \frac{3}{5}\,E_F^0 N + \frac{\pi^2}{4} \cdot N E_F^0 \left(\frac{\varkappa T}{E_F^0}\right)^2,$$

woraus

$$C_v^{el}(T) = \frac{\pi^2}{2}\,k N \left(\frac{\varkappa T}{E_F^0}\right)$$

folgt. Nach klassischen Vorstellungen hätte ein freies Elektron die mittlere thermische Energie $\frac{3}{2}\,\varkappa T$, woraus $C_v^{\text{klass}} = \frac{3}{2}\,k N$ folgt. Der infolge der Fermistatistik auftretende Faktor $\frac{\pi^2}{3}\left(\frac{\varkappa T}{E_F^0}\right)$ hat bei Zimmertemperatur die Größenordnung von 1/100, so daß auch die Leistungselektronen sehr wenig zur spezifischen Wärme von Festkörpern beitragen.[1]) Der Faktor $\varkappa T/E_F^0$ ist

[1]) Die Erklärung des Fehlens des Elektronenanteils der spezifischen Wärme von Metallen war einer der ersten großen Erfolge der Fermistatistik.

darauf zurückzuführen, daß nur Elektronen in dem Energiebereich $\varkappa T$ in der Nähe der Fermienergie ihre Energie stetig ändern können, ihr Anteil an der Gesamtzahl der Elektronen im Band ist aber entsprechend klein (vgl. Abb. 5—13).

Experimentell läßt sich der Elektronenanteil der spezifischen Wärme bei sehr tiefen Temperaturen bestimmen, da dort der Gitteranteil proportional zu T^3 ist, also stärker nach Null geht als der Elektronenanteil. In der Auftragung $C_v/T = f(T^2)$ ergibt sich eine Gerade, die die Ordinate bei $\frac{\pi^2}{2} \varkappa^2 N/E_F^0$ schneidet (Abb. 5—14).

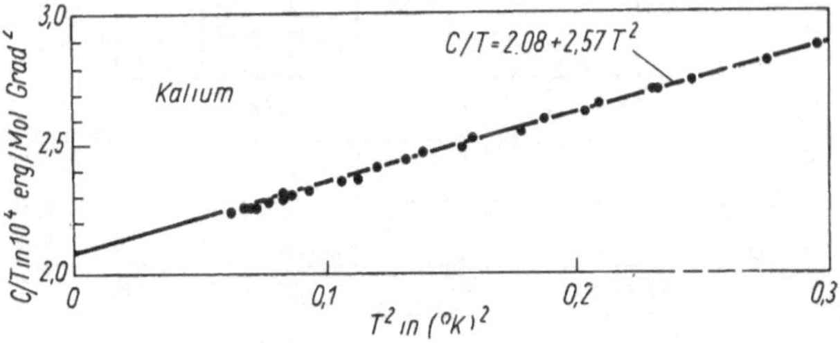

Abb. 5 – 14. Spezifische Wärme von Kalium, aufgetragen in der Form C/T in Abhängigkeit von T^2. Die Messung erfolgte mittels adiabatischer Entmagnetisierung (nach LIEN und PHILLIPS, Phys. Rev. **133** A 1370 (1964)).

6. Optische Eigenschaften von Festkörpern

Licht oder andere elektromagnetische Strahlung kann in einem Festkörper ähnlich wie in Molekülen auf 3 verschiedene Arten Übergänge zwischen Energieniveaus hervorrufen:

1. durch Anregung von Gitterschwingungen,
2. durch Erzeugung von Übergängen innerhalb des Elektronensystems,

3. durch gleichzeitige Anregung von Elektronen und Gitterschwingungen.

Die optische Absorption durch Gitterschwingungen wurde bereits im Kapitel 3.4 behandelt, sie ist verantwortlich für das optische Verhalten im mittleren und fernen Infrarot (Frequenzen von $10^{12} \cdots 2 \cdot 10^{13}$ Hz entsprechend Energien von 4 ⋯ 80 meV bzw. Wellenlängen von 15 bis 300 μm). Das optische Verhalten bei höheren Energien (kleineren Wellenlängen) muß also den elektronischen Übergängen zugeschrieben werden.

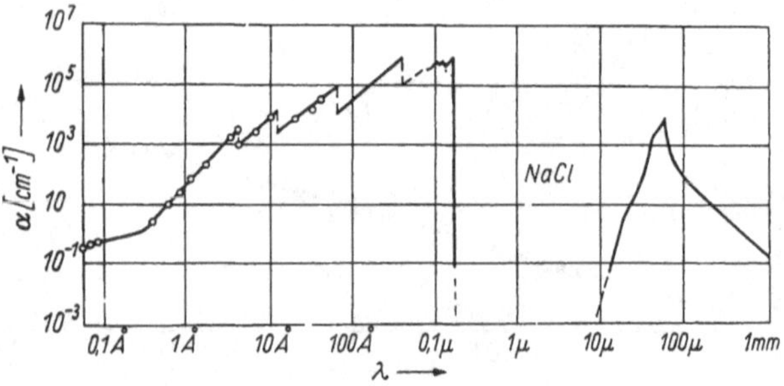

Abb. 6 – 1 Absorptionsspektrum eines NaCl-Kristalls

Abb. 6 – 1 zeigt eine Übersicht über das Absorptionsspektrum eines NaCl-Kristalls. Bei sehr kurzen Wellenlängen (im Röntgengebiet) erkennt man die typischen Röntgenabsorptionskanten. Das daran anschließende Gebiet (etwa zwischen 100 Å und 1000 Å) ist bisher aus Mangel an geeigneten Strahlungsquellen nur wenig untersucht worden, eine intensive Bearbeitung unter Einsatz der Synchrotronstrahlung von Elektronenbeschleunigern hat aber begonnen. Oberhalb von etwa 1000 Å liegen die für Festkörperuntersuchungen besonders interessanten Übergänge zwischen Valenz- und Leitungsband. Zwischen dem elektronischen Teil des Spektrums und dem durch Gitterschwingungen verursachten oberhalb von etwa 10 μm sind Isolatoren durchsichtig; bei Metallen wird diese Lücke im Absorptionsspektrum durch die Absorption durch freie Ladungsträger ganz oder teilweise überdeckt.

Mit Gitterschwingungen gekoppelte elektronische Übergänge finden praktisch bei der gleichen Energie wie die rein elektronischen Übergänge statt. Der entsprechende Absorptionskoeffizient ist wesentlich geringer, so daß sie nur an der Absorptionskante (Grenze der elektronischen Absorption) zu beobachten sind.

Außer diesen 3 durch das Grundgitter verursachten Arten optischer Übergänge spielen in realen Kristallen häufig noch Übergänge zwischen Energieniveaus von Verunreinigungen eine Rolle. Sie können in Form von elektronischen Übergängen innerhalb einer Störstelle, zwischen Störstelle und Band des Wirtsgitters und zwischen zwei Störstellen erfolgen, aber auch als Gitterschwingungen unter Beteiligung der Störstelle (sog. lokale Mode) auftreten. Da die Zahl der Störstellen stets klein im Vergleich zur Zahl der Atome des Grundgitters ist, sind solche Übergänge unter Beteiligung von Störstellen im allgemeinen schwach und nur dann beobachtbar, wenn das Wirtsgitter in dem betreffenden Spektralbereich nicht selbst absorbiert.

6.1. Rein elektronische Übergänge im Grundgitter

Die optischen Übergänge im Festkörper erfolgen zwischen den erlaubten Energiezuständen des Gesamtsystems der Elektronen. Meist ist jedoch, ebenso wie in Atomen und Molekülen, nur ein einziges Elektron an dem Übergang beteiligt, dann kann man die Betrachtungen in der Näherung des Bändermodells durchführen (die elementaren Anregungszustände sind dann Kristallelektronen). Die Absorption entspricht in dieser Näherung dem Stoß eines Lichtquants mit dem Elektron eines besetzten Bandes, wobei die Energie des Photons zur Anregung des Elektrons in ein höher liegendes unbesetztes Band verbraucht wird (innerer lichtelektrischer Effekt). Umgekehrt wird bei der Emission ein Lichtquant auf Kosten der potentiellen Energie eines Elektrons erzeugt, das aus einem höher liegenden, durch vorherige Anregung besetzten Energieband in ein tiefer liegendes Band übergeht (Lumineszenz). Allerdings kann dieser Übergang auch strahlungslos (d. h. unter Entstehung thermischer Energie) erfolgen. Für die beschriebenen strahlenden Prozesse gilt außer dem Energie- auch der Impulssatz in der Form

$$\boldsymbol{k}_{\text{licht}} + \boldsymbol{k}_a - \boldsymbol{k}_e = 0$$

(die Indizes a und e bedeuten Anfangs- und Endzustand). Da außer bei sehr kurzen Wellenlängen (im Röntgengebiet) der Impuls des Lichtquantes vernachlässigt werden kann (vgl. Abschnitt 3.4), muß $\boldsymbol{k}_a = \boldsymbol{k}_e$ sein, d. h.:

Rein elektronische Übergänge erfolgen im Bänderschema vertikal.

Sie werden auch als direkte Übergänge bezeichnet.

Aus dieser Auswahlregel folgt unmittelbar, daß rein elektronische Übergänge innerhalb eines Bandes nicht erlaubt sind, wir werden in diesem Abschnitt daher nur vertikale Interbandübergänge näher betrachten.

Außer dieser $\boldsymbol{k}$-Auswahlregel übertragen sich bis zu einem gewissen Grade auch die für freie Atome gültigen Auswahlregeln[1] (beispielsweise für die Nebenquantenzahl l) auf den Festkörper. Daher sind Übergänge zwischen Bändern, die aus Atomzuständen gleicher Nebenquantenzahl l hervorgegangen sind, auch im Festkörper verboten und die entsprechenden Übergänge erfolgen mit einer viel kleineren Wahrscheinlichkeit als die zwischen Bändern, die aus Zuständen mit um eins verschiedener Nebenquantenzahl entstanden sind.

---

[1]) Eine genaue Berechnung dieser Auswahlregeln im Festkörper erfordert gruppentheoretische Kenntnisse und muß hier unterbleiben.

6.1.1. Übergänge unter Beteiligung tiefliegender Bänder (Röntgenübergänge)

Die tiefliegenden Bänder entstehen aus Wellenfunktionen, die sich praktisch nicht überlappen. Die Energieniveaus sind deshalb praktisch die gleichen wie in den freien Atomen und die Energie hängt nicht vom Wellenzahlvektor ab. In diesem Falle spielt die $\boldsymbol{k}$-Auswahlregel keine Rolle und Absorption und Emission von Strahlung können an Hand des Zustandsdichteschemas (rechte Seite von Abb. 6—2) diskutiert werden.

Bei der Absorption muß ein Elektron aus einem besetzten Zustand in einen leeren übergehen. Da die tiefen Bänder stets voll besetzt sind, ist der Absorptionskoeffizient proportional zur Übergangswahrscheinlichkeit zwischen den Bändern und proportional zur Zahl der unbesetzten Zustände im oberen Band:

$$\alpha = Z(E)\big(1 - f(E)\big).$$

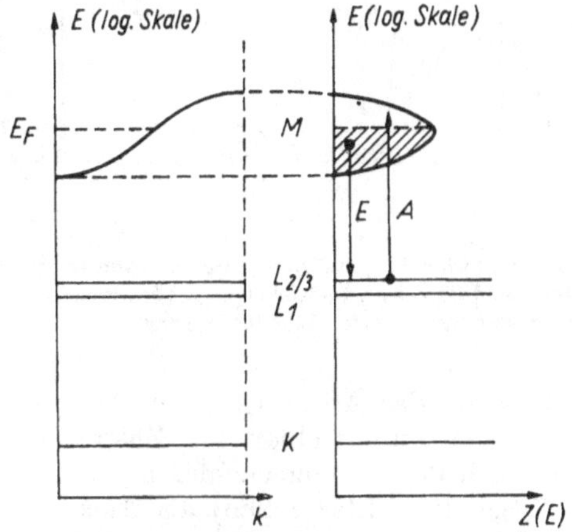

Abb. 6—2. Bandstruktur und Zustandsdichte $Z(E)$ für Natrium. Die eingezeichneten Pfeile entsprechen der L_3-Emission (E) bzw. L_3-Absorption (A) von Röntgenstrahlen.

Da die energetische Breite des oberen Bandes klein gegenüber der Energiedifferenz zum unteren Band ist, ist die Übergangswahrscheinlichkeit in guter Näherung unabhängig von der Energie. $f(E)$ ist bei tiefen Temperaturen oberhalb von E_F praktisch gleich Null, unterhalb gleich 1, so daß der Absorptionskoeffizient α proportional zur Zustandsdichte $Z(E)$ oberhalb des Ferminiveaus wird.

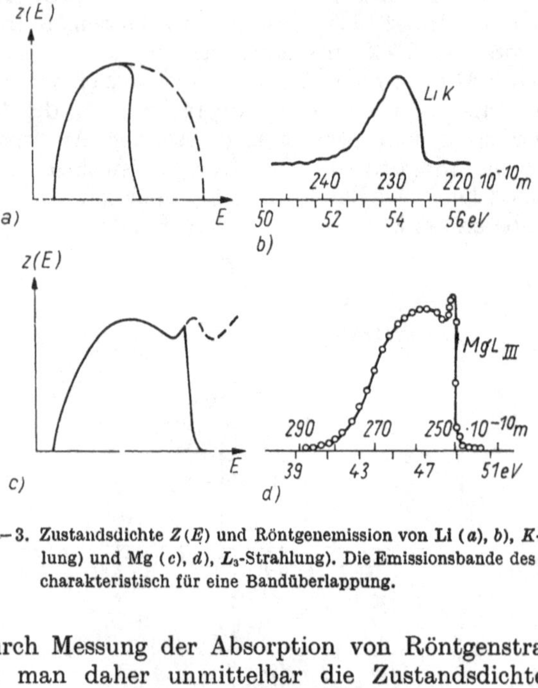

Abb. 6–3. **Zustandsdichte $Z(E)$ und Röntgenemission von Li (*a*), *b*), *K*-Strahlung) und Mg (*c*), *d*), L_3-Strahlung). Die Emissionsbande des Mg ist charakteristisch für eine Bandüberlappung.**

Durch Messung der Absorption von Röntgenstrahlen kann man daher unmittelbar die Zustandsdichte im unbesetzten Teil des Bänderschemas bestimmen. Wählt man die K-Schale (s-Elektronen) als Ausgangsniveaus, so sind nur Übergänge zu den p-artigen Bändern erlaubt und man erhält die diesen Bändern entsprechende Zustandsdichte. Wählt man das L_2- bzw. L_3-Niveau als

Ausgangsniveau (p-Elektronen), so sind nur Übergänge zu den s-artigen Bändern erlaubt und man erhält die diesen Bändern entsprechende Zustandsdichte.

Röntgenemission entsteht durch Übergänge der Elektronen aus den besetzten Bändern in das durch eine vorherige Anregung (durch Röntgenstrahlung oder Elektronen) in einem tiefen Band entstandene Loch. Die emittierte Intensität ist unter der Annahme konstanter Übergangswahrscheinlichkeit proportional zur Zahl der besetzten Zustände $Z(E)\,f(E)$, also in guter Näherung proportional zur Zustandsdichte $Z(E)$ unterhalb des Ferminiveaus. Auch hier erhält man durch Wahl des tiefen Niveaus (Messung der Übergänge zur K- bzw. $L_{2/3}$-Schale) die Zustandsdichten getrennt für die p- und s-artigen Bänder.

Abb. 6–3 zeigt die Intensität der Röntgenemission von Li und Mg. Man erkennt deutlich die Halbbesetzung des Leitungsbandes von Li und den einer Bandüberlappung entsprechenden Verlauf bei Mg. Bei Isolatoren beobachtet man erwartungsgemäß nur eine Emission aus dem voll besetzten Valenzband.

6.1.2. Übergänge zwischen Valenz- und Leitungsband

Übergänge zwischen Valenz- und Leitungsband treten bei Photonenenergien von etwa 0,5 ··· 10 eV auf (entsprechend etwa 0,1 ··· 2 μm); dieser Spektralbereich wird als Fundamentalabsorbtionsgebiet bezeichnet.

Der Zusammenhang zwischen optischem Spektrum und Bandstruktur ist in diesem Gebiet wesentlich komplizierter als im Gebiet der Röntgenstrahlung, jedoch hat gerade eine Untersuchung dieses Gebietes in den letzten Jahren zu einem umfassenden Verständnis der Bandstruktur der wichtigsten Halbleiter geführt.

Die Schwierigkeiten haben Ursachen experimenteller und theoretischer Natur. Die experimentelle Schwierigkeit besteht darin, sehr hohe Absorptionskoeffizienten α

(Größenordnung $10^5 \cdots 10^6$ cm^{-1}) zu messen. Eine direkte Messung ist nur an sehr dünnen Schichten möglich, die u. U. eine vom kompakten Material abweichende Struktur haben. Man mißt daher meist das Reflexionsvermögen

$$R = \frac{(n-1)^2 + k^2}{(n+1)^2 + k^2},$$

das außer vom Extinktionskoeffizienten $k = \alpha\lambda/4\pi$ noch vom Brechungsindex n abhängt. Aus R kann man mittels einer Dispersionsbeziehung (vgl. Abschn. 4.2) n und k und daraus schließlich Real- und Imaginärteil der komplexen Dielektrizitätskonstante bestimmen: $\varepsilon' = n^2 - k^2$ und $\varepsilon'' = 2nk$. Die Größe ε'' läßt sich aus der Bandstruktur wie folgt berechnen. In dem betrachteten Wellenlängengebiet gilt die $\boldsymbol{k}$-Auswahlregel, d. h. es sind nur vertikale Übergänge erlaubt. Die Zahl dieser Übergänge mit Energien zwischen E und $E + \mathrm{d}E$ hängt sowohl von der Struktur des Valenzbandes als auch von der des Leitungsbandes ab ung ergibt sich bei konstanter Übergangswahrscheinlichkeit als proportional zu

$$Z_{\text{komb}}(E)\,\mathrm{d}E = \frac{\Omega}{8\pi^3}\int \mathrm{d}^3\boldsymbol{k}.$$

Das Integral ist dabei uber den Bereich des $\boldsymbol{k}$-Raumes zu erstrecken, in dem $E_c - E_v = E$ ist, für den also bei Einstrahlung von Photonen der Energie $\hbar\omega = E$ der Energiesatz erfüllt ist. $Z_{\text{komb}}(E)$ wird als kombinierte Zustandsdichte bezeichnet, da in ihre Berechnung Eigenschaften beider Bänder eingehen. Ähnlich wie in Abschnitt 5.3. bei der Berechnung der gewöhnlichen Zustandsdichte kann man das Volumenintegral in ein Oberflächenintegral über eine Fläche konstanter Energiedifferenz $E_c - E_v$ im $\boldsymbol{k}$-Raum verwandeln und erhält

$$\underset{\text{komb}}{Z(E)} = \frac{\Omega}{8\pi^3}\int\limits_{E=\text{const}} \frac{\mathrm{d}s}{|\mathrm{grad}_{\boldsymbol{k}}(E_c - E_v)|}.$$

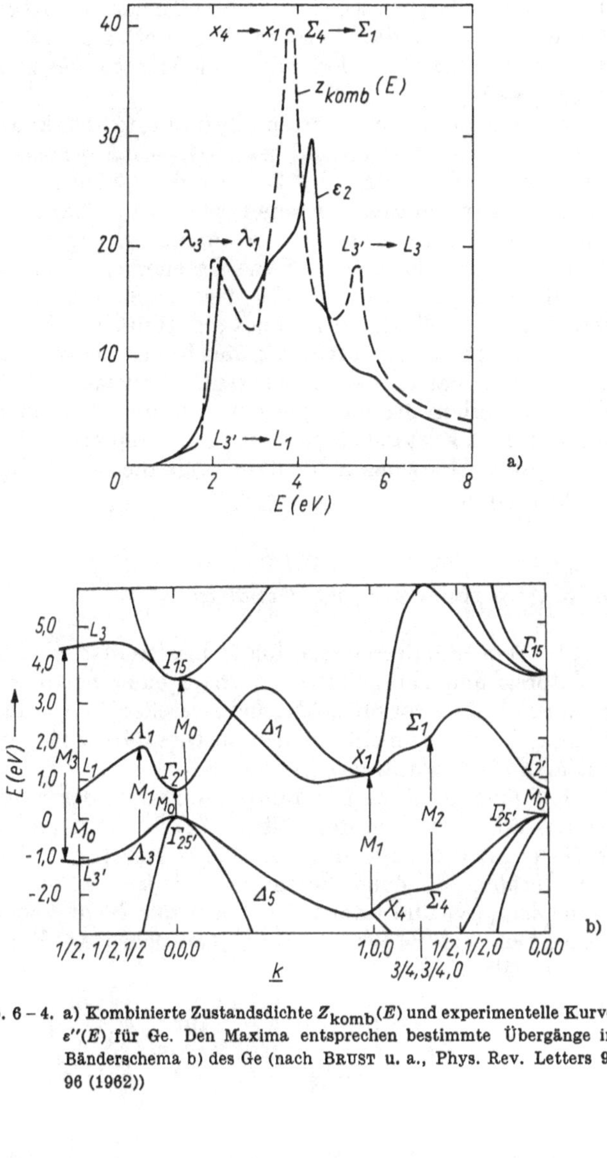

Abb. 6 – 4. a) Kombinierte Zustandsdichte $Z_{komb}(E)$ und experimentelle Kurve $\varepsilon''(E)$ für Ge. Den Maxima entsprechen bestimmte Übergänge in Bänderschema b) des Ge (nach BRUST u. a., Phys. Rev. Letters **9**, 96 (1962))

Der Imaginärteil ε'' der komplexen Dielektrizitätskonstante beschreibt die dielektrischen Verluste, ist also proportional zur Zahl der möglichen Übergänge. Daher wird $\varepsilon'' \sim Z_{\text{komb}}(E_c - E_v)$.

Extrema der kombinierten Zustandsdichte können auftreten, wenn der Nenner $\text{grad}_{\boldsymbol{k}}(E_c - E_v)$ verschwindet. Das ist überall dort der Fall, wo die beiden betrachteten Bänder parallel verlaufen. Man kann daher den gemessenen Maxima von ε'' bestimmte Übergänge im Bänderschema zuordnen und aus der energetischen Lage der Maxima den Abstand der beiden Bänder an der betreffenden Stelle des $\boldsymbol{k}$-Raumes ermitteln.

Da in weiten Teilen des Spektrums Reflexionsvermögen R und Imaginärteil der Dielektrizitätskonstante ε'' den gleichen Verlauf haben, spiegeln sich die Maxima der kombinierten Zustandsdichte auch unmittelbar im Reflexionsspektrum wieder. Abb. 6–4 zeigt dies am Beispiel des Germaniums.

6.1.3. Absorptionskante und Excitonen

Aus dem Bänderschema folgt unmittelbar, daß bei Isolatoren und Halbleitern unterhalb einer bestimmten Energie die Absorption elektromagnetischer Wellen durch direkte Übergänge nicht möglich ist. Diese Grenze bezeichnet man als Absorptionskante.

Im Fall einer direkten Bandlücke (Maximum des Valenzbandes und Minimum des Leitungsbandes beim gleichen $\boldsymbol{k}$-Wert) ist die Lage der Bandkante durch die Breite der verbotenen Zone bestimmt. Ist $\boldsymbol{k} = 0$, so kann man $Z_{\text{komb}}(E)$ und damit die Form der Kante ebenso berechnen wie $Z(E)$ im Falle parabolischer Bänder und erhält

$$Z_{\text{komb}}(E) = \begin{cases} 0 & \text{für} \quad E < E_g \\ \sim \sqrt{E - E_g} & \text{für} \quad E > E_g \end{cases}$$

(Kurven 1 und 2 von Abb. 6–5a). Bei höheren Elektronenkonzentrationen (Kurven 3–5) verschiebt sich diese Kante zu größeren Energien (BURSTEIN-Moss-Shift), da dann die tiefsten Zustände des Leitungsbandes mit

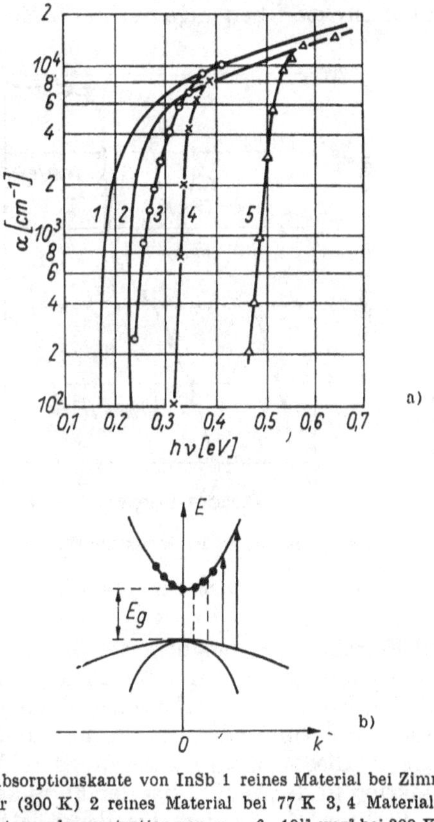

Abb. 6–5. a) Absorptionskante von InSb 1 reines Material bei Zimmertemperatur (300 K) 2 reines Material bei 77 K 3, 4 Material mit einer Elektronenkonzentration von $n = 6 \cdot 10^{17}$ cm^{-3} bei 300 K und 70 K 5 Material mit $n = 2{,}3 \cdot 10^{18}$ cm^{-3} bei 5 K (nach GOBELI und FAN. Phys. Rev. **119** 613 (1960))

b) Bandstruktur von InSb in der Umgebung von E_g Die gestrichelt eingezeichneten optischen Übrgänge bei kleinen Energien sind in n-leitendem Material verboten.

Elektronen besetzt sind und wegen des Pauliprinzips Übergänge in diese Zustände verboten sind (vgl. Abb. 6—5b).

Besonders ausgeprägt ist dieser Effekt bei Metallen, bei denen aus dem gleichen Grunde die Absorption von Licht durch direkte Übergänge nur in die Zustände ober-

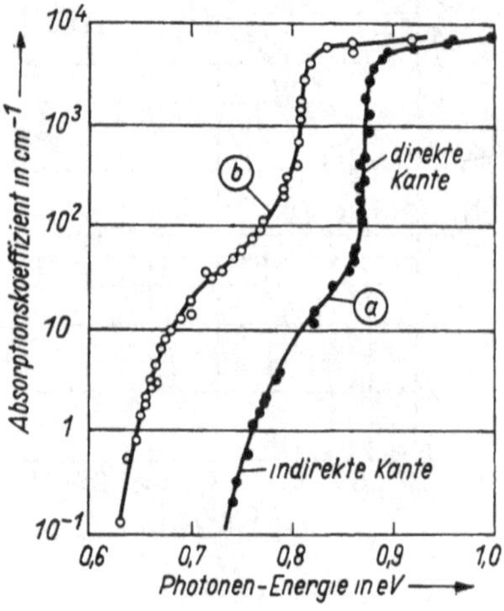

Abb. 6 – 6. Absorptionsspektrum an der Bandkante von Ge a) bei 77 K, b) bei 300 K
(nach NEWMANN und DASH, Phys. Rev. 99 1151 (1955))

halb des Ferminiveaus möglich ist. Bei ihnen liegt die Absorptionskante daher bei wesentlich größeren Energien als die Breite der verbotenen Zone (sofern eine solche überhaupt vorhanden ist). Form und Temperaturabhängigkeit dieser Kante spiegeln den Verlauf der Fermifunktion in der Umgebung der Fermikante wieder.

Bei indirekten Materialien, bei denen Maximum des Valenzbandes und Minimum des Leitungsbandes bei verschiedenen $\boldsymbol{k}$-Vektoren liegen, ist der direkten Absorptionskante bei niedrigeren Energien noch eine „indirekte" Kante vorgelagert (Abb. 6—6), die durch Übergänge unter Beteiligung von Phononen verursacht wird (vgl. Abschn. 6.2). Bei einer Reihe von Isolatoren und Halbleitern tritt jedoch bei Energien knapp unterhalb

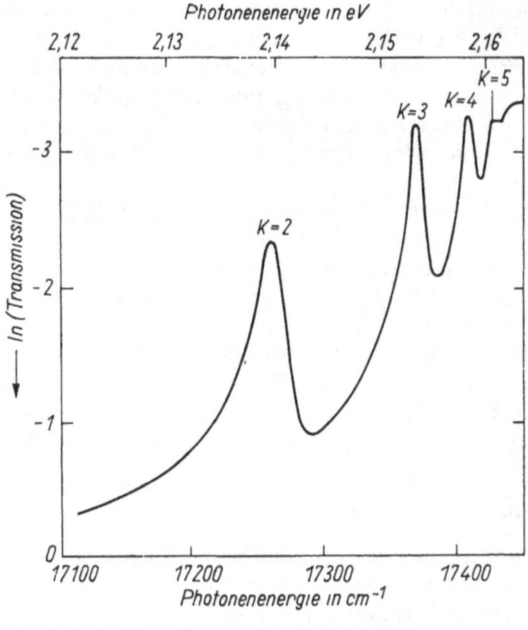

Abb. 6 – 7. **Optische Absorption von Cu-I-Oxid bei 77 K**
Die Transmission nimmt nach oben hin ab, die Maxima entsprechen daher starker Absorption (nach BAUMEISTER, Phys. Rev. 121, 359 (1961))

der Absorptionskante eine deutlich ausgeprägte linienhafte Absorption auf (z. B. Abb. 6–7), die im Rahmen des Bändermodells (auch bei Berücksichtigung von Phononen und Gitterstörungen) nicht zu deuten ist. Sie läßt sich jedoch deuten, wenn man den Einfluß des bei der Anregung eines Elektrons aus dem Valenz- ins Leitungsband gleichzeitig entstehenden Loches berücksichtigt. Beide Teilchen sind entgegengesetzt geladen und uben daher anziehende Kräfte aufeinander aus, wodurch gebundene Zustände entstehen.

Die Bindungsenergie dieses als „Exciton“ bezeichneten Systems kann man in gleicher Weise wie die eines Donators berechnen. Auch hier sind die Aufenthaltswahrscheinlichkeiten der beiden Teilchen über einen relativ großen Bereich des Gitters ausgedehnt, so daß die Verwendung der effektiven Massen und der Dielektrizitätskonstante des Gitters gerechtfertigt ist. Man erhält auf diese Weise fur die erlaubten Energiezustände des Excitons[1])

$$E_n = E_g - \frac{\mu e^4}{8 \varepsilon_0^2 h^2} \cdot \frac{1}{n^2}, \qquad n = 1, 2, \ldots$$

(μ = reduzierte Masse von Elektron und Loch).

Die Übergänge in die Excitonenniveaus bestimmen den Verlauf der Absorptionskante von stark polaren Substanzen (Alkalihalogenide), sie spielen aber auch in Halbleitern eine wichtige Rolle. In Metallen treten sie nicht auf, da die Anziehungskraft dort durch die hohe Konzentration freier Elektronen abgeschirmt wird.

6.1.4. Subbandübergänge

In stark p-leitenden Halbleitern tritt noch eine spezielle Form optischer Übergänge auf, die durch die Entartung des Valenzbandes bedingt ist. Abb. 6—8a zeigt, daß bei tiefen Temperaturen einige Zustände in den beiden oberen Valenzbändern leer sind, so daß drei verschiedene Übergänge möglich sind, die im nahen Ultrarot liegen. Selbstverständlich sind sie nur zu beobachten, wenn sie nicht durch Gitterschwingungen überdeckt werden. Günstige Beobachtungsbedingungen ergeben sich beim Germanium (Abb. 6—8c). Hier sind deutlich 3 Banden in der Lücke des Absorptionsspektrums (zwischen 2 µm und

---

[1]) Das Exciton kann außerdem auch Translationsenergie $E_t = \frac{\hbar^2}{2\mu} k^2$ besitzen, die jedoch bei optischen Übergängen keine Rolle spielt, da sich k nicht ändert ($k = k_{el} + k_h$).

10 µm) zu erkennen. Die Bandenform ist durch den Verlauf der kombinierten Zustandsdichte und die Besetzungswahrscheinlichkeit gegeben.

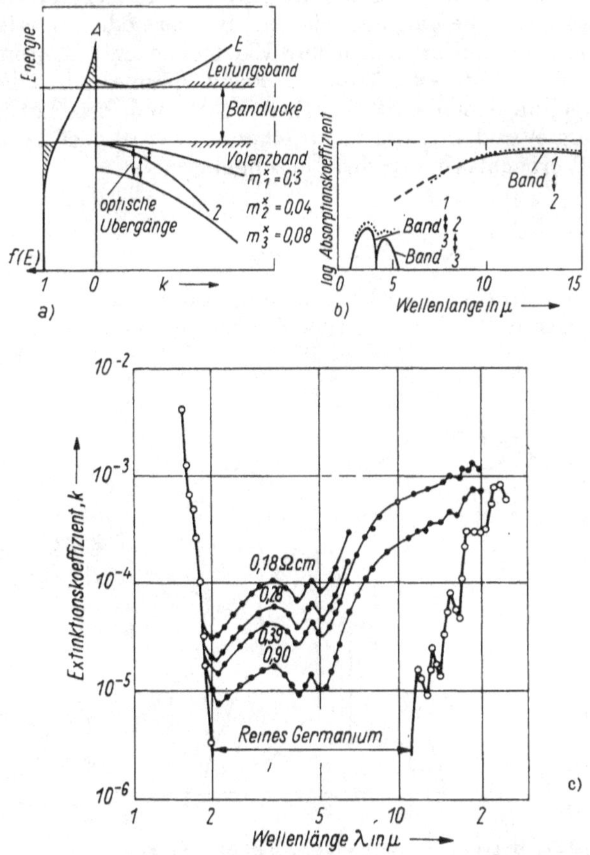

Abb. 6 - 8. a) Valenzbandstruktur von Ge und Besetzungswahrscheinlichkeit. b) Berechnetes Absorptionsspektrum c) an p-Germanium verschiedener Trägerkonzentration gemessene Absorptionsspektra. Links Bandkante, rechts Gitterschwingungsbanden
(nach KESSLER, z. Naturforsch. 13a, 295 (1958))

6.2. Elektronische Übergänge unter Beteiligung von Phononen

Außer den im vorigen Abschnitt behandelten direkten optischen Übergängen, die im Bändermodell vertikal verlaufen, und an denen nur Elektronen und Photonen beteiligt sind, existieren in Festkörpern auch Übergänge, an denen als 3. Teilchen ein Phonon beteiligt ist. Energie- und Impulssatz für einen solchen Prozeß lauten bei Vernachlässigung des Photonenimpulses

$$\hbar\omega = \Delta E \pm \hbar\omega_q,$$
$$\boldsymbol{k}_a = \boldsymbol{k}_e \pm \boldsymbol{q}$$

($\boldsymbol{k}_a$ und $\boldsymbol{k}_e$ sind die Elektronenimpulse im Anfangs- bzw. Endzustand). Das positive Vorzeichen entspricht der

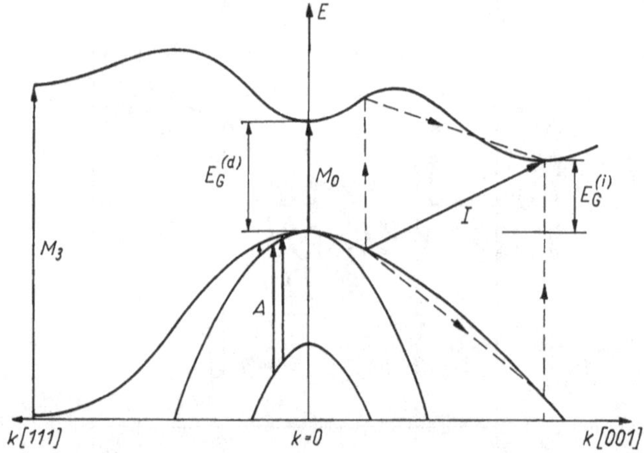

Abb. 6 - 9. Direkte Interbandübergänge (M_0, M_3), indirekte Interbandübergänge (I) und direkte Subbandübergänge (A). Die gestrichelten Pfeile deuten an, daß man den indirekten Übergang als vertikalen „optischen" Übergang, kombiniert mit einer Streuung durch ein Phonon, auffassen kann. Die zugrunde gelegte Bandstruktur entspricht der von GaP.

Erzeugung (Emission) eines Phonons bei der Absorption des Lichtquants, das negative der Vernichtung (Absorption) eines Phonons gleichzeitig mit dem Lichtquant. Aus Abb. 6—9 erkennt man, daß jetzt auch indirekte („schräge“) Übergänge im Bändermodell möglich sind, wobei das absorbierte oder emittierte Phonon für die Erfüllung des Impulssatzes sorgt, die Energiebilanz aber nur geringfügig beeinflußt, da die Phononenenergie auch bei großen Impulsen klein ist.

Die indirekten Übergänge haben als „Dreierstoß“ eine wesentlich geringere Übergangswahrscheinlichkeit als die direkten. Sie sind deshalb nur in Spektralgebieten zu beobachten, in denen direkte Übergänge verboten sind. Dies ist die Umgebung der Absorptionskante, insbesondere bei indirekten Materialien, und der Bereich der Absorption durch freie Ladungsträger (Intrabandübergänge).

6.2.1. Indirekte Übergänge an der Absorptionskante

Wir betrachten das Beispiel eines Stoffes mit einem Valenzbandmaximum bei $\boldsymbol{k}_v = 0$ und einem Leitungsbandminimum bei $\boldsymbol{k} = (\pi/a, 0, 0)$ (z. B. Galliumphosphid) und nehmen an, daß es nur eine Sorte von Phononen mit dem Impuls $\boldsymbol{q} = \boldsymbol{k}$ gibt.

Die kleinste Energie, die in diesem Falle absorbiert werden kann ist $E_g - \hbar\omega_q$ (Phononenabsorption). Die

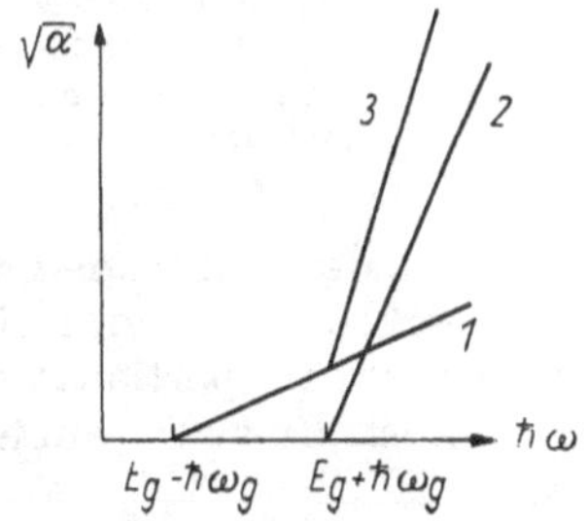

Abb. 6—10. Absorptionskoeffizient als Funktion der Energie bei indirekten Übergängen. 1 Phononenabsorption, 2 Phononenemission, 3 Summenkurve.

Berechnungen zeigen, daß in diesem Falle $\alpha \sim [E - (E_g - \hbar\omega_q)]^2$ ist. Bei der Energie $E_g + \hbar\omega_q$ setzen dann Übergänge mit Phononenemission ein, für die $\alpha \sim [E - (E_g + \hbar\omega_q)]^2$ gilt. Sie treten mit wesentlich höherer Wahrscheinlichkeit als die langwelligeren Übergänge mit Phononenabsorption auf, so daß man schematisch den in Abb. 6–10 dargestellten Verlauf enthält.

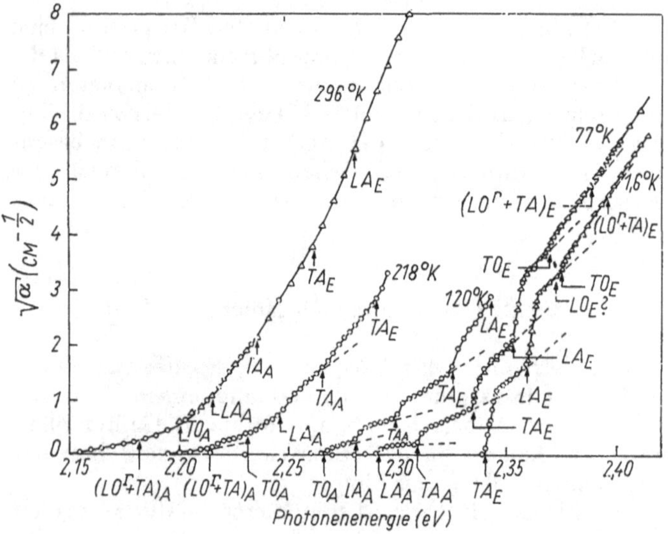

Abb. 6–11. Absorptionsspektrum von GaP bei verschiedenen Temperaturen. Die für die einzelnen „Stufen" verantwortlichen Phononen sind angegeben, der Index A bedeutet Absorption. E Emission des betreffenden Phonons.
(nach Dean und Thomas, Phys. Rev. 150, 690 (1966))

Der Teil des Spektrums zwischen $E_g - \hbar\omega_q$ und $E_g + \hbar\omega_q$ ist stark temperaturabhängig, da hier der Absorptionskoeffizient proportional zur Zahl der vorhandenen Phononen ist. Er verschwindet bei tiefen Temperaturen vollständig.

Aus derartigen Spektren und ihrer Temperaturabhängigkeit läßt sich mit hoher Genauigkeit die Breite der verbotenen Zone und die Energie der beteiligten Phononen (im allgemeinen existieren mehrere Phononen unterschiedlicher Energie zum gleichen $\boldsymbol{q}$-Wert) entnehmen (vgl. Abb. 6–11).

6.2.2. Absorption durch freie Ladungsträger

Freie Ladungsträger in einem Band können beliebig kleine Energiebeträge aufnehmen oder abgeben. Die Absorption, die auch hier durch indirekte Prozesse erfolgt, kann daher klassisch behandelt werden (quantenmechanische Rechnungen sind möglich, aber kompliziert).

Ausgangspunkt sind die Betrachtungen von Abschnitt 4.2, nach denen sich Brechungsindex n und Extinktionskoeffizient k aus Real- und Imaginärteil der komplexen Dielektrizitätskonstante berechnen lassen. Aus der Lösung der Bewegungsgleichung der Elektronen unter dem Einfluß eines elektrischen Wechselfeldes folgt analog wie in Abschnitt 4.2

$$\varepsilon' = 1 + \frac{N_{\text{geb}} q^2}{\varepsilon_0 m} \frac{(\omega_0{}^2 - \omega^2 - N_{\text{geb}} \cdot q^2/3\varepsilon_0 m)}{(\omega_0{}^2 - \omega^2 - N_{\text{geb}} q^2/3\varepsilon_0 m)^2 + \omega^2 \gamma_{\text{geb}}^2} - \frac{N q^2}{\varepsilon_0 m^*} \frac{1}{\omega^2 + \gamma^2},$$

$$\varepsilon'' = \frac{N_{\text{geb}} \cdot q^2}{\varepsilon_0 m} \frac{\omega\gamma}{(\omega_0{}^2 - \omega^2 - N_{\text{geb}} q^2/3\varepsilon_0 m)^2 + \omega^2 \gamma_{\text{geb}}^2} + \frac{N q^2}{\varepsilon_0 m^*} \frac{\gamma}{\omega^2 + \gamma^2}.$$

Das Glied mit ω_0 beschreibt den Einfluß der gebundenen, das letzte Glied den der freien Elektronen (Konzentration N), für die $\omega_0 = 0$ und die Masse durch die effektive Masse m^* ersetzt ist.

Der Einfluß freier Träger auf das optische Verhalten ist nur bei großen Wellenlängen (niedrigen Energien) wichtig, d. h. es ist $\omega \ll \omega_0$. Die „Dämpfung" wird hier durch die Stöße der Elektronen mit den Phononen verursacht, man ersetzt deshalb γ durch $1/\tau$, wobei τ die mittlere Zeit zwischen 2 Stößen ist. Damit wird

$$n^2 - k^2 = \varepsilon' = \varepsilon_L - \frac{Nq^2}{\varepsilon_0 m^*} \frac{\tau^2}{1 + \omega^2\tau^2} = \varepsilon_L \left(1 - \frac{\omega_p{}^2\tau^2}{1 + \omega^2\tau^2}\right)$$

und

$$2nk = \varepsilon'' = \frac{Nq^2\tau}{\varepsilon_0 m^* \omega (1 + \omega^2\tau^2)} = \frac{\varepsilon_L \omega_p \tau}{\omega(1 + \omega^2\tau^2)},$$

wobei $\omega_p{}^2 = \frac{Nq^2}{\varepsilon_0 \varepsilon_L m^*}$ die sog. Plasmafrequenz (vgl. Abschn. 6.4) und $\varepsilon_L = 1 + \frac{N_{\text{geb}} q^2}{\varepsilon_0 m^*} (\omega_0{}^2 - N_{\text{geb}} q^2/3\varepsilon_0 m)^{-1}$ die Dielektrizitätskonstante der gebundenen Ladungsträger ist.

Vernachlässigt man zunächst Stöße der Elektronen, läßt also τ nach ∞ gehen, so wird

$$\varepsilon'(\tau \to \infty) = \varepsilon_L \left(1 - \frac{\omega_p{}^2}{\omega^2}\right) = \varepsilon_L \left(1 - \frac{\lambda^2}{\lambda_p{}^2}\right)$$

und

$$\varepsilon''(\tau \to \infty) = 0 \quad \lambda_p = \frac{2\pi c_0}{\omega_p} \; (c_0 = \text{Lichtgeschwindigkeit}).$$

Daraus folgt für

$$\omega > \omega_p \, (\lambda < \lambda_p); \qquad k = 0,$$

$$n = \sqrt{\varepsilon_L} \sqrt{1 - \frac{\lambda^2}{\lambda_p{}^2}}, \quad R = \left(\frac{n-1}{n+1}\right)^2,$$

$$\omega < \omega_p \, (\lambda > \lambda_p): \qquad n = 0, k = \sqrt{\varepsilon_L} \sqrt{\frac{\lambda^2}{\lambda_p{}^2} - 1}, \quad R = 1$$

(solange $n = 0$ ist, tritt Totalreflexion auf).

ε', n, k und R haben den in den Abb. 6–12a und 6–12b gezeigten Verlauf. Insbesondere hat R bei $\lambda_p' = \sqrt{1 - 1/\varepsilon_L} \times \lambda_p$ $(\omega_p' = \omega_p / \sqrt{1 - 1/\varepsilon_L})$ eine Null-

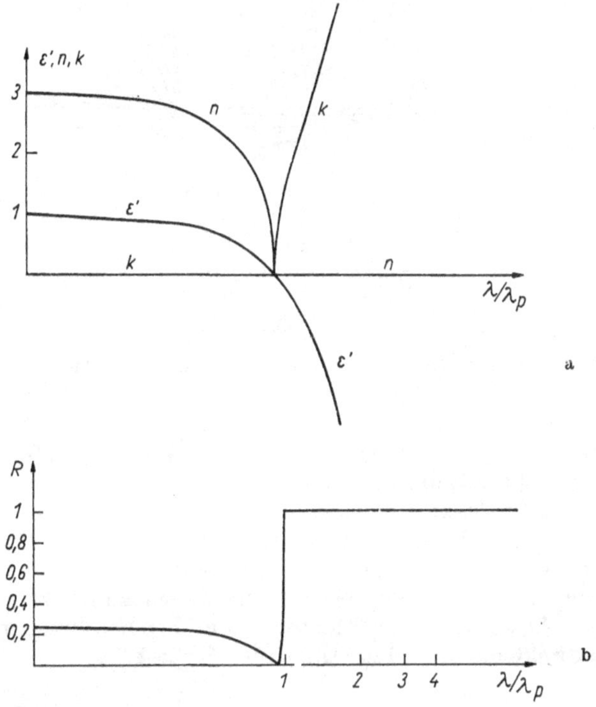

Abb. 6–12. a) ε', n und k als Funktion von λ/λ_p für $\tau \to \infty$ $(\varepsilon_L = 9)$.
b) Reflexionsvermögen R als Funktion von λ/λ_p für $\tau \to \infty$ $(\varepsilon_L = 9)$

stelle. Berücksichtigt man Stöße, so wird der Verlauf von R „abgerundet", n ist für $\lambda > \lambda_p$ und k für $\lambda < \lambda_p$ von Null verschieden (Abb. 6–12c).

Das Minimum bei λ_p' bzw. die Plasmakante verschieben sich mit wachsender Elektronenkonzentration nach

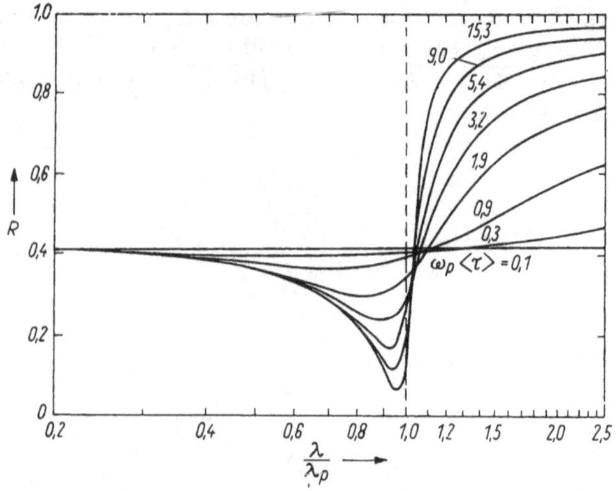

Abb. 6 – 12 c) Reflexionsvermögen R als Funktion von λ/λ_p für verschiedene Stoßzeiten $\tau(\varepsilon_L = 20)$.

kürzeren Wellenlängen (s. Abb. 6—13). Bei Metallen liegt dadurch die Plasmakante im sichtbaren oder ultravioletten Spektralbereich.

Bei Halbleitern mit ihren relativ niedrigen Trägerkonzentrationen kann man bei relativ kurzen Wellenlängen (Frequenzen oberhalb der Plasmakante, $\omega > \omega_p$) den Absorptionskoeffizienten α und den Brechungsindex n direkt messen. Man erhält für $\omega^2\tau^2 \gg 1$

$$n^2 \approx \varepsilon_L \left(1 - \frac{\omega_p^2}{\omega^2}\right) = \varepsilon_L \left(1 - \frac{\lambda^2}{\lambda_p^2}\right)$$

und

$$\alpha = \frac{4\pi k}{\lambda} = \frac{2\pi\varepsilon''}{n \cdot \lambda} \simeq \frac{Nq^2}{nc_0 m^* \omega^2 \tau} \sim \frac{N \cdot \lambda^2}{m^*},$$

also einen mit λ^2 ansteigenden Absorptionskoeffizienten. Dieser Verlauf konnte für Ge (Abb. 6—14), InSb und

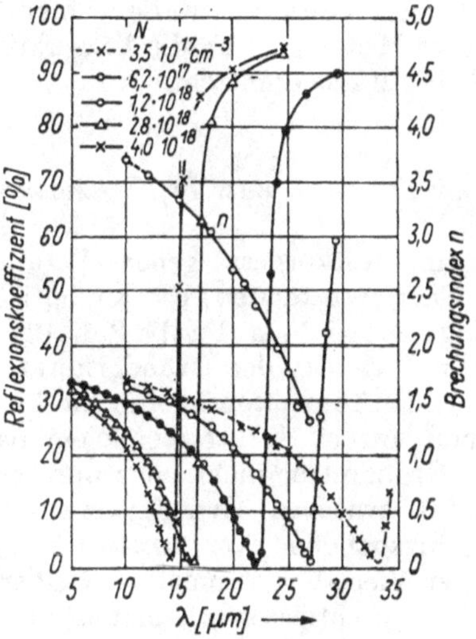

Abb. 6 – 13. Spektrale Abhängigkeit als Reflexionskoeffizienten von n-leitenden InSb bei verschiedenen Trägerkonzentrationen (nach SPITZER und FAN, Phys. Rev. **106**, 882 (1957)).

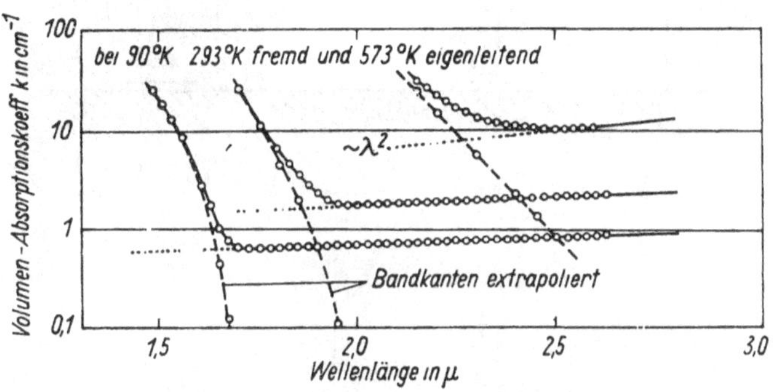

Abb. 6 – 14. Bandkante und Absorption durch freie Ladungsträger in n-Germanium (nach JAUMANN und KESSLER, Z. Naturforsch. **11a**, 393 (1956)).

andere Substanzen bestätigt werden, man kann also umgekehrt durch Messung von α die Trägerkonzentration oder die effektive Masse ermitteln.

6.3. Elektronenübergänge unter Beteiligung von Störstellen

Störstellen in Festkörpern geben Veranlassung zu lokalisierten Energiezuständen, die an optischen Übergängen beteiligt sein können. Da die Zahl der Störstellen stets viel kleiner als die der Grundgitteratome ist, ist der entsprechende Absorptionskoeffizient klein und die Übergänge sind nur in Spektralbereichen nachweisbar, in denen das Grundgitter nicht oder nur sehr schwach absorbiert, also zwischen Grundgitterabsorption und Gitterschwingungsbanden von Isolatoren oder Halbleitern. Aus der Vielzahl der möglichen Übergänge sind in Abb. 6–15 die wichtigsten schematisch dargestellt.

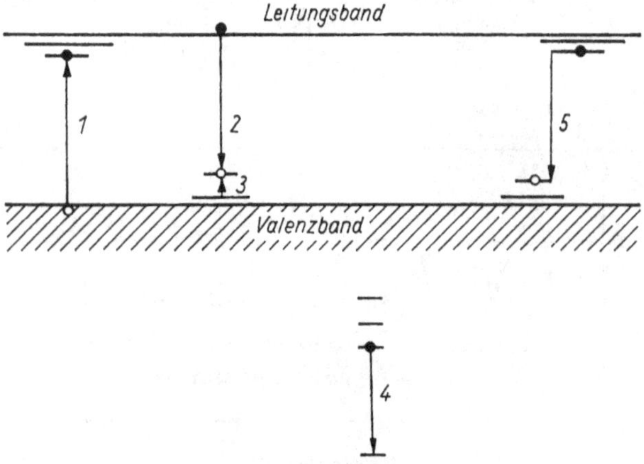

Abb. 6–15. Elektronenübergänge unter Beteiligung von Störstellen
1 Band-Donator-Übergang, 2 Band-Akzeptor-Übergang, 3 Intra-Akzeptor-Übergang, 4 Intrastörstellenübergang in einer tiefen Störstelle, 5 Donator-Akzeptor-Paarübergang

Außer in Absorption beobachtet man Übergänge unter Beteiligung von Störstellen häufig in Emission. Nach einer Anregung höher liegender Energiezustände fällt das betreffende Elektron prinzipiell wieder in den Grundzustand zurück. Dies kann unter Emission von Strahlung

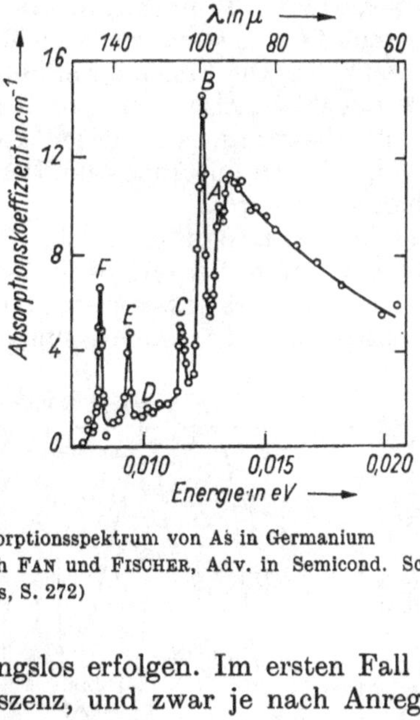

Abb. 6 – 16. Absorptionsspektrum von As in Germanium (nach FAN und FISCHER, Adv. in Semicond. Science, Pergamon Press, S. 272)

oder strahlungslos erfolgen. Im ersten Fall spricht man von Lumineszenz, und zwar je nach Anregungsart von

Fotolumineszenz (Anregung durch genügend kurzwelliges Licht),

Kathodolumineszenz (Anregung durch energiereiche Elektronen),

Elektrolumineszenz (Anregung infolge Stoßionisation durch starke elektrische Felder oder durch injizierte Ladungsträger).

Die Anregung des emittierenden Zentrums kann direkt, über das Wirtsgitter oder über ein 2. Zentrum erfolgen, wobei in den letzten beiden Fällen z. T. komplizierte innerkristalline Energieübertragungsmechanismen nötig sind.

Abb. 6—16 zeigt als Beispiel für einen Intra-Störstellen-Übergang die linienhafte Absorption, die durch As-Störstellen in Ge hervorgerufen wird. Derartige Spektren sind nur bei sehr tiefen Temperaturen zu beobachten, wenn sich fast alle Leitungselektronen im Grundzustand des Donators befinden. Die Linien liegen im langwelligen Ultrarot, ihre Lage bestätigt sehr gut das Modell des „verschmierten" Elektrons, auf dessen Grundlage im Abschnitt 5.4 die Energiezustände von Donatoren bzw. Akzeptoren berechnet wurden.

Als Beispiel für einen Band-Störstellen-Übergang ist in Abb. 6—17 die durch Leitungsband-Akzeptor-Übergänge verursachte Lumineszenz von p-leitendem Si dargestellt. Die entsprechenden Banden sind relativ breit,

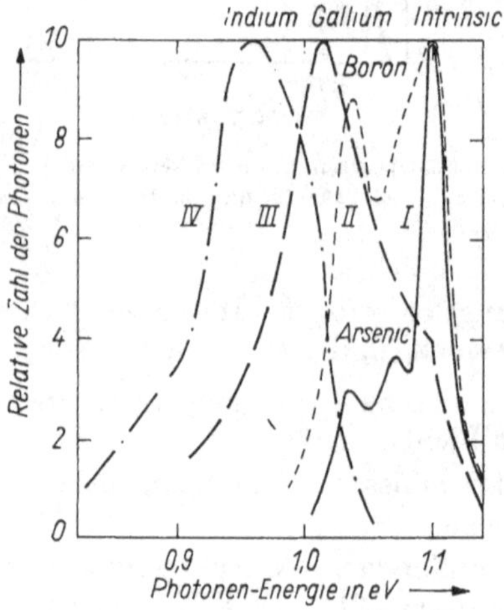

Abb. 6—17. Lumineszenz von p-leitendem Si (Rekombinationsstrahlung von einem p-n-Übergang) Kurve I zeigt noch den Einfluß der As-Donatoren
(nach HAYNER und WESTPHAL, Phys. Rev. **101**, 1676 (1956))

da die Elektronen im Leitungsband eine mittlere thermische Energie von $3/2 kT$ haben und außerdem die Übergänge nicht nur in den Grundzustand, sondern auch in angeregte Zustände der Akzeptoren erfolgen.

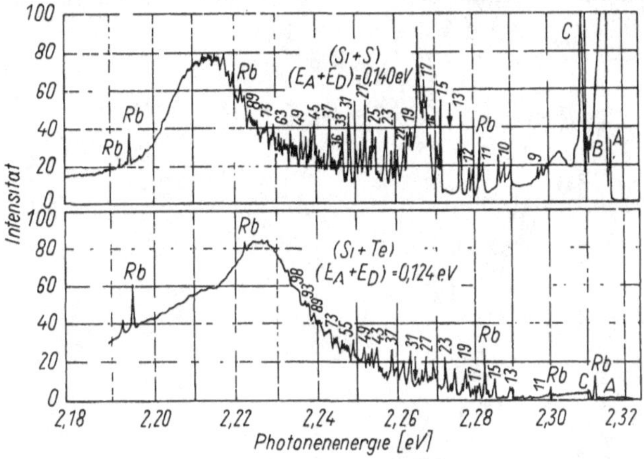

Abb. 6–18. a) Donator-Akzeptor-Paarlumineszenz von S-Si und Te-Si-Paaren in GaP. Die Ziffern geben die Schalennummer an, sind also ein Maß für den Abstand R der Atome des betreffenden Paares. Die mit Rb bezeichneten Linien stammen von einem Rubidium-Eichspektrum (nach THOMAS u. a., Phys. Rev. **133A**, 269 (1964)).

Außerordentlich interessante Spektren werden durch Donator-Akzeptor-Übergänge in einigen Halbleitern verursacht. Abb. 6–18a zeigt das sehr linienreiche Spektrum von S (Donator) und Si (auf P-Platz, deshalb Akzeptor) in GaP. Die einzelnen Linien werden durch Donator-Akzeptor-Paare unterschiedlichen Abstandes hervorgerufen. Die Abhängigkeit der Emissionsenergie vom Abstand des betreffenden Paares läßt sich wie folgt erklären. Im Anfangszustand befindet sich ein Elektron auf dem Donatorniveau und hat dort die Energie $E_g - E_D$ relativ zum Valenzband. Entsprechend befindet sich ein

Loch am Akzeptor und hat die Energie $-E_A$ (Löcherenergien sind negativ zu rechnen!). Beide Störstellen sind neutral, es tritt also keine Wechselwirkung zwischen ihnen auf. Im Endzustand sind Elektron und Loch verschwunden. Dafür ist ein Lichtquant der Energie $\hbar\omega$ entstanden. Außerdem sind beide Störstellen jetzt ent-

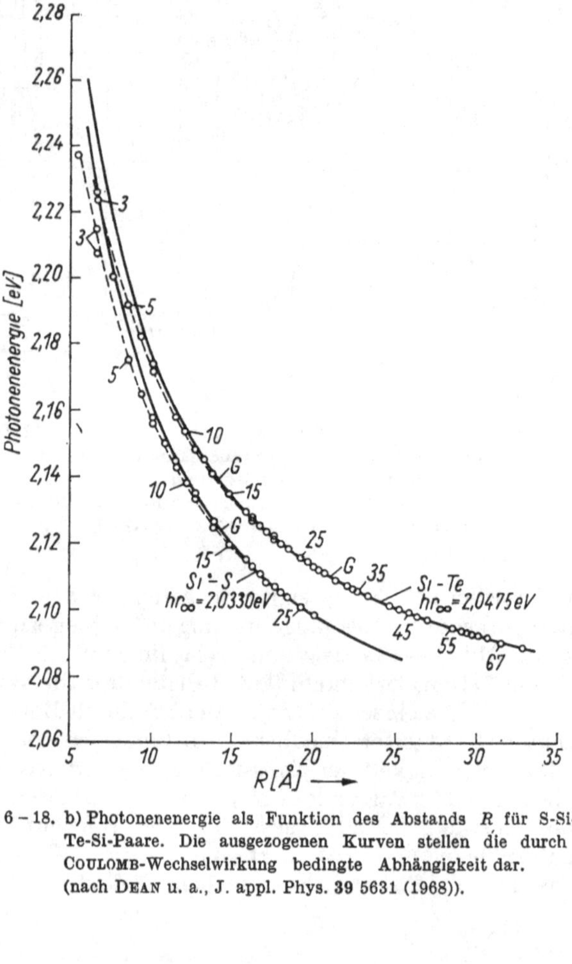

Abb. 6 – 18. b) Photonenenergie als Funktion des Abstands R für S-Si- u. Te-Si-Paare. Die ausgezogenen Kurven stellen die durch die COULOMB-Wechselwirkung bedingte Abhängigkeit dar. (nach DEAN u. a., J. appl. Phys. **39** 5631 (1968)).

gegengesetzt geladen, haben also eine Wechselwirkungsenergie $-\frac{e^2}{4\pi\varepsilon\varepsilon_0 r}$. Aus der Energiebilanz folgt dann

$$\hbar\omega - \frac{e^2}{4\pi\varepsilon\varepsilon_0 r} = E_g - E_D - E_A.$$

Da r im Gitter nur diskrete Werte annehmen kann, tritt linienhafte Emission auf. Abb. 6—18b zeigt, daß die aus der Energiebilanz folgende Abhängigkeit der Energie $\hbar\omega$ vom Abstand r experimentell recht gut bestätigt wird.

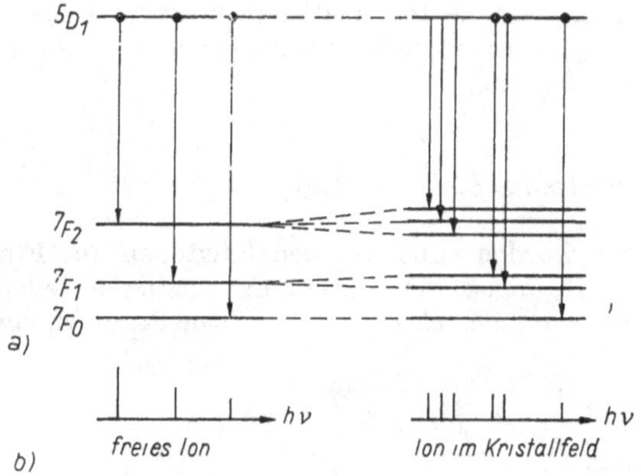

Abb. 6—19. Termschema (*a*) und Linien-Fluoreszenz (*b*) von Eu^{3+} im YVO_4 (schematisch). Die im freien Ion entarteten Terme $^7F_1$ und $^7F_2$ spalten im Kristallfeld auf, die Größe der Aufspaltung ist ein Maß für die Stärke des innerkristallinen Feldes am Ort des Eu^{3+}-Ions.

Auf elektronische Übergänge innerhalb tiefliegender Störstellen hat das Kristallgitter einen wesentlich geringeren Einfluß als auf die bisher behandelten Übergänge unter Beteiligung flacher Störstellen. Man legt deshalb ein quasiatomares Modell zugrunde, und berücksichtigt den Gittereinfluß, indem man die durch die nächsten Nachbarn des Störatoms erzeugten innerkristallinen Felder auf das Störatom einwirken läßt. Der dadurch verursachte innerkristalline STARK-Effekt führt zu einer Aufspaltung von Energieniveaus, die im freien Atom oder Ion entartet sind, und macht sich in einer dementsprechenden Linienaufspaltung bemerkbar. Abb. 6—19 zeigt schematisch die Verhältnisse bei der Fluoreszenz von Eu^{+3} -Ionen auf Y^{3+}-Plätzen in YVO_4.

Außer den in diesem Abschnitt ausschließlich betrachteten rein elektronischen Übergängen existieren selbstverständlich auch noch mit Phononen oder Magnonen (s. Abschnitt 8.3) gekoppelte Übergänge, auf die aber nicht näher eingegangen werden kann, obwohl sie wichtige experimentelle Informationen über die Dispersionsbeziehungen der entsprechenden elementaren Anregungszustände liefern.

6.4. *Kollektive Elektronenanregung*

Bisher wurden außer bei den Excitonen nur Einelektronenanregungen betrachtet. Es existieren jedoch in Festkörpern auch elektronische elementare Anregungs-

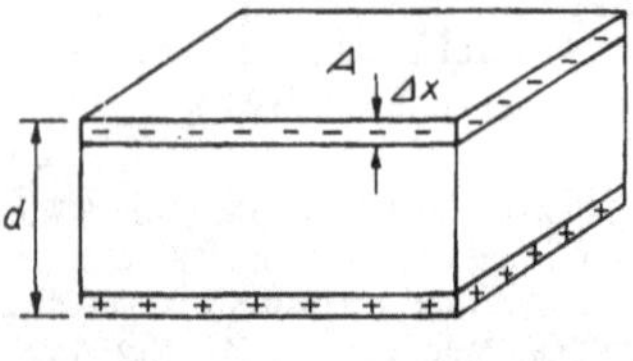

Abb. 6–20. Zur Ableitung der Frequenz von Plasmaschwingungen

zustände, bei denen die Leitungselektronen gemeinsam gegen die positiven Atomrümpfe schwingen. In diesem Falle spricht man von Plasmaschwingungen.

Die Frequenz einer solchen Schwingung läßt sich am einfachsten aus der Betrachtung der Verhältnisse an einer dünnen Metallplatte ableiten (Abb. 6—20). Denkt man sich das Elektronengas um Δx senkrecht zur Plattenebene verschoben, so entstehen an den Grenzen positive und negative Oberflächenladungen der Dichte $\delta = nq\,\Delta x$, die eine Feldstärke $E = \frac{\delta}{\varepsilon\varepsilon_0} = \frac{nq\Delta x}{\varepsilon\varepsilon_0}$ erzeugen. Die im Volumen Ad enthaltenen Elektronen haben die Masse $nAdm$; die rücktreibende Kraft ist $nAdqE$ (auf jedes Elektron wirkt die Kraft qE). Daher lautet die Bewegungsgleichung

$$nAdm\,\frac{\mathrm{d}^2\Delta x}{\mathrm{d}t^2} = -nAdqE = -Ad\,\frac{n^2q^2\Delta x}{\varepsilon\varepsilon_0}$$

oder

$$\frac{\mathrm{d}^2\Delta x}{\mathrm{d}t^2} + \frac{nq^2}{m\varepsilon\varepsilon_0}\Delta x = \frac{\mathrm{d}^2\Delta x}{\mathrm{d}t^2} + \omega_p^2\Delta x = 0.$$

Das ist die Bewegungsgleichung eines ungedämpften harmonischen Oszillators mit der Frequenz $\omega_p = \sqrt{\frac{n \cdot q^2}{m \cdot \varepsilon\varepsilon_0}}$.

Eine irgendwie entstandene Plasmaschwingung pflanzt sich im Elektronengas als Longitudinalwelle fort. Das

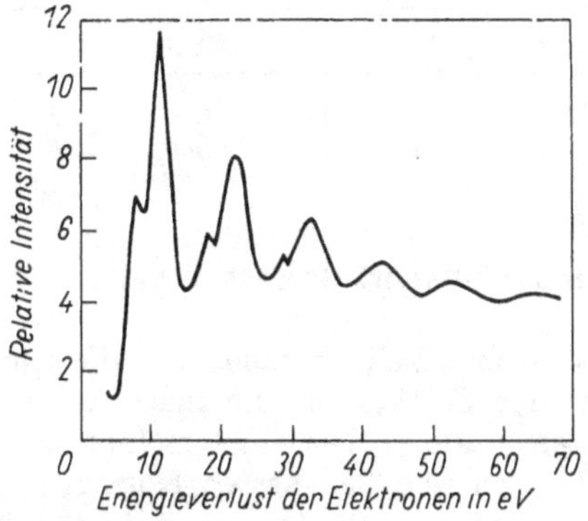

Abb. 6 – 21. Energieverlustspektren für an dünnen Mg-Schichten reflektierte Elektronen. Primärenergie 2020 eV. Die Verlustmaxima setzen sich aus Verlusten von 7,1 eV und 10,6 eV zusammen, wobei 10,6 eV dem Volumenplasmon, 7,1 eV einem im Text nicht erwähnten Oberflächenplasmon entspricht.

der Welle zugeordnete Quasiteilchen heißt Plasmon. Es hat die Energie $\hbar\omega_p$ und stellt einen longitudinalen elementaren Anregungszustand dar.

Die Energien der Plasmonen liegen ziemlich hoch ($\approx$ 10 eV), so daß eine thermische Anregung nicht möglich ist. Optische Anregung ist ebenfalls unmöglich, da Lichtwellen transversal, Plasmaschwingungen jedoch longitudinal sind (ω_p macht sich jedoch indirekt im Reflexionsspektrum bemerkbar, vgl. Abschn. 6.2.2.). Die Anregung kann mit relativ schnellen Elektronen (Energien von 1 ··· 10 keV) erfolgen. Diese erleiden beim Durchgang durch Metallfolien charakteristische Energieverluste, die als Abstrahlung von Plasmawellen zu deuten sind. Abb. 6—21 zeigt ein charakteristisches Energieverlustspektrum für Elektronen, die an Mg-Schichten reflektiert wurden. Tabelle 6—1 zeigt den Vergleich der so ermittelten Plasmonenenergien mit theoretischen Werten.

Tabelle 6—1

Plasmonenenergien einiger Metalle

	Li	Na	K	Mg	Al	
beobachtet	7,1	5,8	3,8	10,6	15,3	eV
berechnet	8,0	5,6	3,9	10,9	15,6	eV

7. Elektronentransport in Festkörpern

Die elektrische Leitfähigkeit ist die physikalische Eigenschaft der Festkörper, die sich von Stoff zu Stoff am stärksten ändert. Der Unterschied zwischen den besten Isolatoren und den besten Normalleitern beträgt etwa 27 Größenordnungen (das ist etwa gleich dem Verhältnis der Länge eines Lichtjahrs zu einem Atomdurchmesser), bei Supraleitern wird der Widerstand sogar unmeßbar klein. Eine Übersicht zeigt die folgende Tabelle 7—1.

Tabelle 1–7.

Leitfähigkeit fester Stoffe

Stoff	Leitfähigkeit in $(\Omega\,\mathrm{cm})^{-1}$
Restwiderstand v. Metallen (sehr tiefe Temperaturen)	$\approx 10^{9}$
Ag (Zimmertemp.)	$7{,}7 \cdot 10^{5}$
Bi (Halbmetall, Zimmertemperatur)	$\approx 10^{4}$
Halbleiter, je nach Temperatur und Dotierung	10^{-9} 10^{2}
eigenleitendes Ge bei 300 K	0,02
eigenleitendes Si bei 300 K	$4\ 10^{-6}$
Glas	10^{-11} 10^{-14}
Bernstein, Polystyrol	$< 10^{-18}$

Trotz dieser riesigen quantitativen Unterschiede kann die normale Leitfähigkeit (außer der Supraleitfähigkeit) unter einheitlichen Gesichtspunkten verstanden werden.

7.1. *Driftgeschwindigkeit und Stoßzeit*

Mikroskopisch betrachtet entsteht der Strom durch bewegte Ladungsträger, im Falle der elektronischen Leitfähigkeit also durch Elektronen in teilweise gefüllten Bändern.

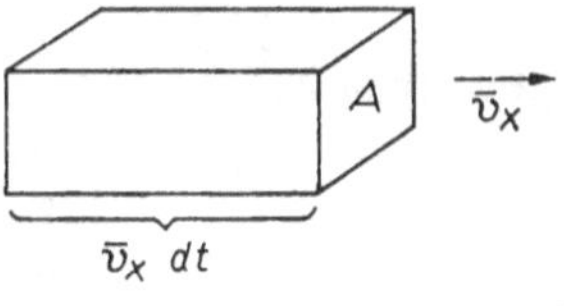

Abb. 7–1 Zur Berechnung der elektrischen Leitfähigkeit

Wir beschränken uns hier auf den Fall, daß nur in einem Band Träger der Ladung q und der isotropen effektiven Masse m vorhanden sind. Nimmt man an, daß die Träger die mittlere Geschwindigkeit $\bar{v}_x$ in x-Richtung haben, so bewegen sich in der Zeit dt alle die Elektronen durch den Querschnitt A, die in dem in Abb. 7–1 dargestellten Volumen enthalten sind. Sie transportieren dabei die Ladung $\mathrm{d}Q = qAn\bar{v}_x\mathrm{d}t$ (n = Elektronenkonzentration) und erzeugen die Stromdichte

$$j = \frac{1}{A}\frac{\mathrm{d}Q}{\mathrm{d}t} = qn\bar{v}_x.$$

Im thermischen Gleichgewicht ist $\bar{v}_x = 0$, es fließt kein Strom. Legt man ein elektrisches Feld an, so werden die Elektronen beschleunigt: $ma = qE$, ihre mittlere Geschwindigkeit in Feldrichtung wächst proportional zur Zeit an. Um das ohmsche Gesetz (feldstärke- und zeitunabhängige elektrische Leitfähigkeit beim Anlegen einer Gleichspannung) erklären zu können, muß man deshalb einen „Reibungsmechanismus" berücksichtigen, durch den die Elektronen so stark gebremst werden, daß sich eine konstante mittlere Geschwindigkeit einstellte.

Bremsend wirken Stöße mit Gitterschwingungen oder Verunreinigungen. Den einfachsten Fall stellen dabei „erinnerungslöschende" Stöße dar, bei denen nach dem Stoß keine Vorzugsrichtung infolge der vorhergehenden Beschleunigung mehr vorhanden ist (isotrope Streuung). Ist τ die mittlere Zeit zwischen zwei solchen Stößen, so erhält das Elektron die maximale Zusatzgeschwindigkeit $\bar{u}_m = qE\tau/m$, seine mittlere Zusatzgeschwindigkeit beträgt $\bar{u} = \frac{1}{2}\bar{u}_m$. Bei einer genauen statistischen Betrachtung entfällt der Faktor 1/2 und es wird

$$\bar{v}_x = \bar{u} = qE\tau/m = \mu E.$$

Die feldstärkeunabhängige Faktor $\mu = \frac{\bar{u}}{E} = \frac{q\tau}{m}$ heißt Beweglichkeit. Damit erhält man

$$j = q\mu nE = \sigma E$$

mit

$$\sigma = q\mu n = \frac{q^2\tau}{m}n.$$

In diese Formel geht die Ladung quadratisch ein, aus Leitfähigkeitsmessungen läßt sich daher das Vorzeichen der Ladungsträger prinzipiell nicht bestimmen.

Bei bekannter Elektronenkonzentration (z. B. in einwertigen Metallen mit 1 Leitungselektron/Atom) läßt sich aus der Leitfähigkeit die Größe τ und über die Beziehung $l = \bar{v} \cdot \tau$ ($\bar{v}$ Betrag der mittleren thermischen Geschwindigkeit) die mittlere freie Weglänge l berechnen (s. Tabelle 7—2).

Tabelle 7—2.

Parameter der elektrischen Leitfähigkeit von Metallen

Metall	$\sigma[10^5(\Omega\text{cm})^{-1}]$	E_F[eV]	l[Å]	[10^{-14}s]
Li	1,2	4,7	110	0,9
Na	2,3	3,1	350	3,1
K	1,7	2,1	370	4,4
Cu	6,4	7,0	420	2,7
Ag	6,7	5,5	570	4,1

Wie aus der Tabelle hervorgeht, beträgt die mittlere freie Weglänge viele Gitterkonstanten. Diese Tatsache war in der klassischen Theorie der elektrischen Leitfähigkeit, die als Stoßpartner die Atomrumpfe des Metallgitters ansah, völlig unverständlich. Tatsächlich erfolgt jedoch keine Streuung der als Wellen aufzufassenden Elektronen an gitterperiodischen Strukturen, nur Abweichungen von der Gitterperiodizität wirken als Streuzentren.

7.2. Hall-Effekt

Mißt man die elektrische Leitfähigkeit σ, so erhält man das Produkt aus Elektronenkonzentration und Beweglichkeit. Um diese beiden Faktoren zu trennen, muß eine weitere experimentelle Methode eingesetzt werden. Eine Möglichkeit bietet die optische Bestimmung der Ladungsträgerkonzentration (vgl. Abschn. 6.2), eine weitere, insbesondere bei Halbleitern häufig benutzte, ist die Messung des HALL-Effekts, mit dessen Hilfe man vor allem auch das Vorzeichen der Ladungsträger bestimmen kann.

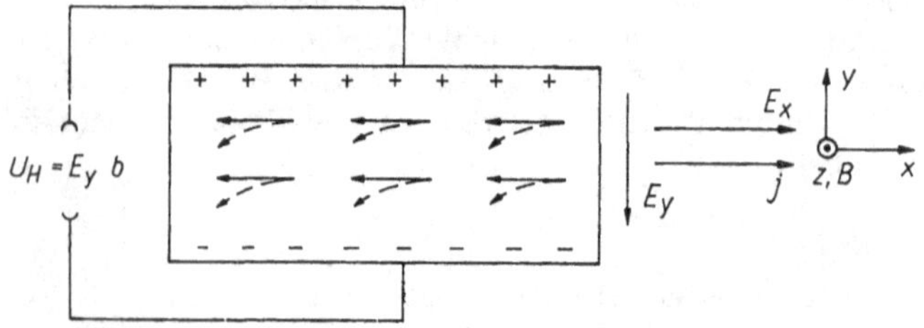

Abb. 7 – 2. Schema zur Messung des HALL-Effekts.
Die ausgezogenen Pfeile geben die Bewegung der Elektronen im stationären Zustand, die gestrichelten die Bewegung während des Aufbaus der Querspannung an. Das Magnetfeld zeigt in $+z$-Richtung.

Bringt man einen Kristall, der in Längsrichtung (x-Richtung) von einem elektrischen Strom der Dichte j durchflossen wird, in ein Magnetfeld B, das senkrecht zur Stromrichtung steht, so werden infolge der LORENTZ-Kraft $q[\boldsymbol{v} \times \boldsymbol{B}]$ die Ladungsträger senkrecht zu Strom- und Magnetfeldrichtung, in der in Abb. 7—2 angegebenen Geometrie also in y-Richtung, abgelenkt. Dadurch laden sich die Seitenflächen des Kristalls solange auf, bis die entstehende Gegenspannung die ablenkende Wirkung des Magnetfeldes gerade kompensiert. Aus der gemessenen Querspannung $U_y = E_y b$ (b Kristallbreite) läßt sich die Ladungsträgerkonzentration wie folgt ermitteln. Im stationären Zustand ist $F_y = q(E_y - vB) = 0$. Damit wird $E_y = vB = jB/qn$.

Der Proportionalitätsfaktor $R = E_y/jB = 1/qn$ wird als HALL-Koeffizient bezeichnet, er ist unabhängig von der Beweglichkeit nur durch die Elektronenkonzentration bestimmt. Negative HALL-Koeffizienten bedeuten Elektronenleitung, positive Löcherleitung. Multipliziert man R mit der Leitfähigkeit σ, so ergibt sich die Beweglichkeit zu $\mu = R \cdot \sigma$[1]), so daß man bei gleichzeitiger Messung von Leitfähigkeit und HALL-Koeffizient (die in der gleichen Meßapparatur ausgefuhrt werden können) Elektronenkonzentration n und Beweglichkeit μ getrennt erhält.

In Tabelle 7—3 sind die Ergebnisse von HALL-Effektmessungen für einige Metalle zusammengestellt und die gemessenen Ladungsträgerkonzentrationen mit den aus Atomgewicht und Dichte berechneten Elektronenkonzentrationen verglichen. Bei einigen zweiwertigen Metallen ergibt sich ein positiver HALL-Koeffizient, d. h. es dominiert die Löcherleitung (bei gemischter Leitung bestimmen die Träger mit der größeren Beweglichkeit das Vorzeichen des HALL-Koeffizienten).

Tabelle 7—3

Einige Eigenschaften von Metallen

Metall	R_H[cm³/As]	σ[Ω^{-1} cm^{-1}]	μ[cm²/Vs]	n[cm³] aus R_H	n[cm⁻³] ber.
Li	$-1{,}7 \cdot 10^{-4}$	$1\ 2\ 10^{5}$	20	$3{,}7\ 10^{22}$	4,6 .
Na	$-2{,}1 \cdot 10^{-4}$	$2{,}3 \cdot 10^{5}$	48	$3{,}0\ 10^{22}$	$2{,}5 \cdot 10^{22}$
K	$-4{,}2\ 10^{-4}$	$1{,}7\ 10^{5}$	72	$1{,}5\ 10^{22}$	$1{,}3\ 10^{22}$
Cu	$-0{,}50\ 10^{-4}$	$6{,}4\ 10^{5}$	32	$12{,}6\ 10^{22}$	$8{,}5 \cdot 10^{22}$
Ag	$-0{,}85\ 10^{-4}$	$6{,}7\ 10^{5}$	57	$7{,}4\ 10^{22}$	$5{,}8 \cdot 10^{22}$
Be	$+2{,}44 \cdot 10^{-4}$	$3{,}3\ 10^{6}$	80	$2{,}6\ 10^{22}$*	$2{,}4 \cdot 10^{22}$
Mg	$-0{,}84 \cdot 10^{-4}$	$4{,}0\ 10^{5}$	35	$7{,}4\ 10^{22}$	$8{,}6\ 10^{22}$
Zn	$+0{,}33 \cdot 10^{-4}$	$5{,}4\ 10^{5}$	18	$19\ 10^{22}$*	$13 \cdot 10^{22}$
Cd	$+0{,}66\ 10^{-4}$	$7{,}4\ 10^{5}$	50	$9{,}5\ 10^{22}$*	$9{,}2\ 10^{22}$

Bei den mit * gekennzeichneten Konzentrationen handelt es sich um Löcherkonzentrationen.

7.3. *Streumechanismen*

Die wichtigsten Stoßpartner für die Elektronen sind Gitterschwingungen und geladene Störstellen. Ferner wird die mittlere freie Weglänge durch die geometrischen

[1]) Bei einer genauen statistischen Behandlung des Problems stimmt die durch diese Gleichung definierte „HALL-Beweglichkeit" μ_H nur bis auf einen Zahlenfaktor von der Größenordnung 1 mit der „wirklichen" (Mikro-) Beweglichkeit überein.

Abmessungen der Probe begrenzt. Eine quantitative Behandlung der Streuprobleme ist außerordentlich kompliziert, hier können nur einige qualitative Überlegungen wiedergegeben werden.

Liegen ruhende Streuzentren der Konzentration N mit dem Wirkungsquerschnitt A vor, so hat ein Ladungsträger die mittlere freie Weglänge $l = 1/A\,N$ und seine mittlere freie Flugzeit beträgt $\tau = 1/A\,N\bar{v}$.

Gitterstreuung: Da ruhende Atome im Gitter überhaupt nicht streuen, ist es naheliegend, den Wirkungsquerschnitt A proportional zum Mittelwert des Quadrats der Auslenkung eines Atoms aus der Ruhelage anzusetzen. Aus der mittleren potentiellen Energie $\frac{1}{2}\,M\,\omega_0{}^2\,\bar{x}^2 = \frac{1}{2}\,k\,T$ folgt, wenn man die DEBYE-Temperatur $\Theta = \hbar\omega_0/k$ einführt,

$$A_{\text{gitter}} \sim \bar{x}^2 \sim T/\omega_0{}^2 \sim T/M\,\Theta^2$$

und

$$\tau_{\text{gitter}} \sim \frac{M\,\Theta^2}{T\cdot N\cdot\bar{v}},$$

wobei N die Konzentration der Atome des Grundgitters ist.

Da A proportional zu T ist, verschwindet bei tiefen Temperaturen die Gitterstreuung (es sind keine streuenden Phononen angeregt).

Streuung an geladenen Störstellen: Dieser Fall entspricht der Ablenkung eines Elektrons im Feld einer Punktladung (RUTHERFORD-Streuung). Dabei wird

$$A_{\text{stör}} \sim 1/\bar{v}^{-4} \qquad \text{und} \qquad \tau_{\text{stör}} \sim \bar{v}^{-3}/N_{\text{stör}}.$$

Bei gemischter Streuung sind beide Mechanismen wirksam, die Streuwahrscheinlichkeiten addieren sich und es wird $\frac{1}{\tau} = \frac{1}{\tau_{\text{gitter}}} + \frac{1}{\tau_{\text{stör}}}$.

7.4. Elektrische Leitfähigkeit von Metallen

Bei Metallen ist bei tiefen Temperaturen in guter Näherung das Leitungsband bis zur Energie E_F gefüllt, darüber leer. Da zwischen Impuls p und Energie E der Elektronen die Beziehung $E = p^2/2m$ gilt, entspricht der Fermienergie $E_F = \frac{\hbar^2}{2m}(3\pi^2 n)^{2/3}$ der Grenzimpuls $p_F = \sqrt{2mE_F} = \hbar^2(3\pi^2 n)^{1/3}$ (Fermiimpuls).

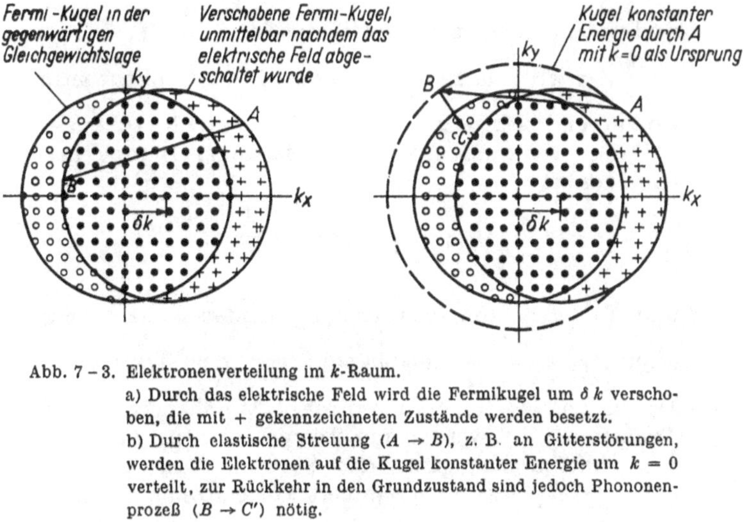

Abb. 7 – 3. Elektronenverteilung im k-Raum.
a) Durch das elektrische Feld wird die Fermikugel um δk verschoben, die mit + gekennzeichneten Zustände werden besetzt.
b) Durch elastische Streuung ($A \rightarrow B$), z. B. an Gitterstörungen, werden die Elektronen auf die Kugel konstanter Energie um $k = 0$ verteilt, zur Rückkehr in den Grundzustand sind jedoch Phononenprozeß ($B \rightarrow C'$) nötig.

Im Impulsraum entspricht der Fermienergie eine Kugel (Fermikugel) mit dem Radius p_F, in der sich ohne angelegtes elektrisches Feld alle Elektronen befinden (Abb. 7–3).

Unter dem Einfluß eines elektrischen Feldes in x-Richtung erhalten alle Elektronen eine Zusatzgeschwindigkeit $\bar{u} = \frac{q}{m}E\tau$ in x-Richtung, d. h. die Fermikugel wird in

p_x-Richtung um den Betrag $qE\tau$ verschoben. Dabei befinden sich nur die durch + gekennzeichneten Elektronen in der Nähe der Fermioberfläche in Zuständen, die sie im thermischen Gleichgewicht nicht einnehmen; nur sie müssen durch Stöße in die durch o gekennzeichneten leeren Zustände gestreut werden, damit der Gleichgewichtszustand wieder erreicht wird.

Daher ist in die Formel für die Stoßzeiten in Abschn. 7.3 bei Metallen als mittlere thermische Geschwindigkeit die Geschwindigkeit v_F der Elektronen in der Nähe der Fermigrenze einzusetzen, die sich aus $\frac{m}{2} v_F{}^2 = E_F$ ergibt und unabhängig von der Temperatur ist. $v_F = p_F/m = \frac{\hbar}{m}(3\pi^2 n)^{1/3}$ hängt nur von der Elektronenkonzentration ab und beträgt z. B. für Kupfer etwa $1{,}6 \cdot 10^8$ cm/s.

Damit erhält man für die Gitterstreuung (Index L nach engl. *lattice*)

$$\tau_L \sim \frac{M\Theta^2}{T \cdot N \cdot v_F} \sim \frac{1}{T}$$

und für die Störstellenstreuung (Index i nach engl. *impurity*) $\tau_i \sim \frac{v_F{}^3}{N_i}$ unabhängig von der Temperatur. Da die Ladungsträgerkonzentration unabhängig von der Temperatur ist, wird deren Temperaturgang durch die Temperaturabhängigkeit der Stoßzeit bestimmt. Bei hohen Temperaturen dominiert Gitterstreuung und es wird $\sigma \sim \tau_L \sim \frac{1}{T}$ bzw. der spezifische Widerstand ist $\varrho = \frac{1}{\sigma} \sim T$ in guter Übereinstimmung mit Messungen oberhalb der Debye-Temperatur. Im Phononenbild ergibt sich diese Temperaturabhängigkeit einfach aus der Tatsache, daß der Widerstand proportional zur Zahl der vorhandenen Phononen ist, die ihrerseits proportional zur Temperatur ansteigt.

Bei tiefen Temperaturen ist die Zahl der Phononen proportional zu T^3 (vgl. Abschn. 3.6), so daß man $\varrho \sim T^3$ erwarten sollte. In Wirklichkeit muß man aber berücksichtigen, daß bei tiefen Temperaturen (unterhalb der DEBYE-Temperatur) nur Phononen mit kleinen

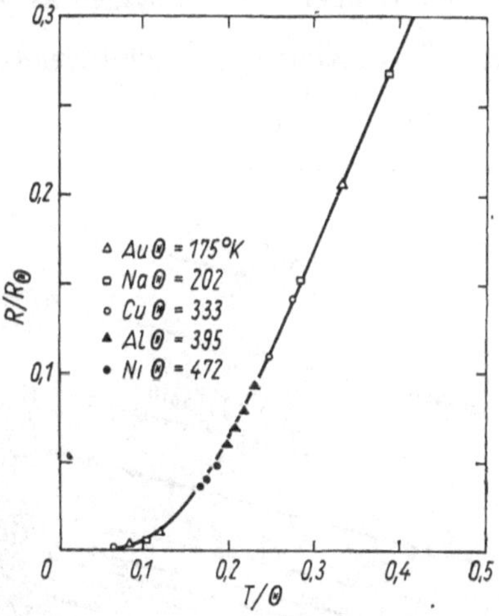

Abb. 7–4. Temperaturabhängigkeit des spezifischen Widerstandes für verschiedene Metalle. R_θ ist der Widerstand bei der Debye-Temperatur Θ Für R/R_θ ergibt sich in Übereinstimmung mit der Theorie eine universelle Kurve.

Quasiimpulsen vorhanden sind, so daß die Impulsänderung der Elektronen ebenfalls nur klein sein kann (Kleinwinkelstreuung). Derartige Stöße sind nicht erinnerungslöschend (eine vor dem Stoß vorhandene Vorzugsrichtung bleibt näherungsweise erhalten), wodurch sich Abweichungen von den bisherigen Überlegungen ergeben. Näherungsweise gilt $\varrho \sim T^5$ (Abb. 7–4).

Bei schwach verunreinigten Metallen konkurriert, insbesondere bei tiefen Temperaturen, die Störstellenstreuung mit der Gitterstreuung. Da sich bei dieser gemischten Streuung die Stoßzeiten reziprok addieren, gilt $\varrho \sim \frac{1}{\tau_i} + \frac{1}{\tau_L}$, d. h. der spezifische Widerstand, setzt sich additiv aus einem temperaturunabhängigen nur vom Verunreinigungsgrad N_i abhängigen Anteil $\varrho_i \sim \frac{1}{\tau_i}$ und dem temperaturabhängigen Anteil $\varrho_L \sim \frac{1}{\tau_L}$ des reinen Metalls zusammen (MATTHIESSENsche Regel, Abb. 7–5).

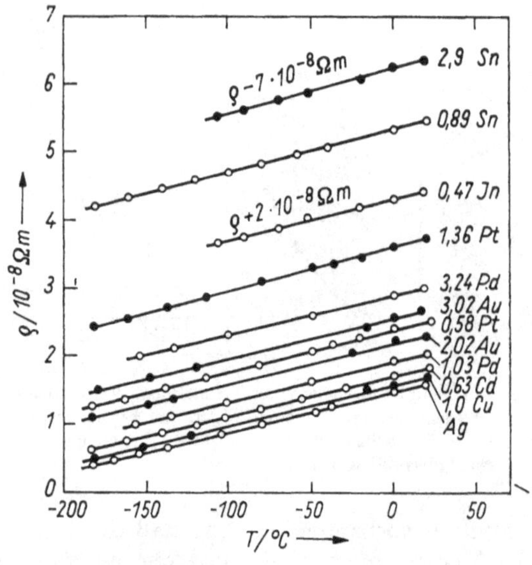

Abb. 7–5. Temperaturabhängigkeit des Widerstandes von Ag-Legierungen

Bei Legierungen (Abb. 7–6) gilt bei Zusammensetzungen in der Nähe der reinen Komponenten die MATTHIESSENsche Regel, d. h. ϱ steigt proportional zum Gehalt der im Unterschuß enthaltenen Komponente an. Bei größeren Konzentrationen ist die Widerstandszunahme geringer (Kurve *a*: abgeschrecktes Material mit statistischer Atomverteilung): Bei getempertem Material, das längere Zeit erwärmt und dann langsam abgekühlt wurde, treten bei bestimmten Zusammensetzungen geordnete Atomverteilungen auf; da regelmäßig eingebaute Fremdatome nicht streuend wirken, ist in diesem Fall der Widerstand wesentlich kleiner als bei ungeordnetem Einbau (Kurve *b*: Zusammensetzung Cu_3Au und CuAu; die Verhältnisse im Falle des $CuAu_3$ sind noch ungeklärt).

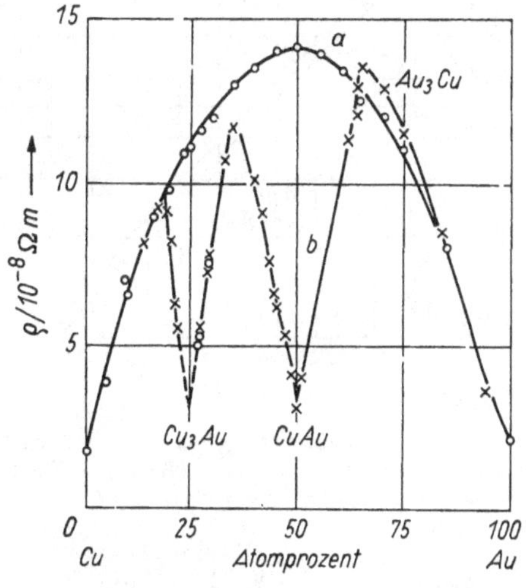

Abb. 7 – 6. Konzentrationsabhängigkeit des elektrischen Widrstandes beim Auftreten geordneter Atomverteilungen a) abgestreckt b) langsam abgekühlt

In dünnen Schichten wird die freie Weglänge durch die Schichtdicke d begrenzt; ist d vergleichbar mit l_∞, der mittleren freien Weglänge im kompakten Material, so ist die wirksame freie Weglänge durch $\frac{1}{l_{\text{eff}}} = \frac{1}{l_\infty} + \frac{A}{d} = \frac{1}{l_\infty}\left(1 + A \cdot \frac{l_\infty}{d}\right)$ gegeben (bei gemischter Streuung addieren sich die freien Weglängen ebenso wie die Stoßzeiten reziprok). A ist ein statistischer Faktor ($A < 1$), durch den berücksichtigt wird, daß die Reduzierung der Weglänge nur senkrecht zur Schichtebene erfolgt.

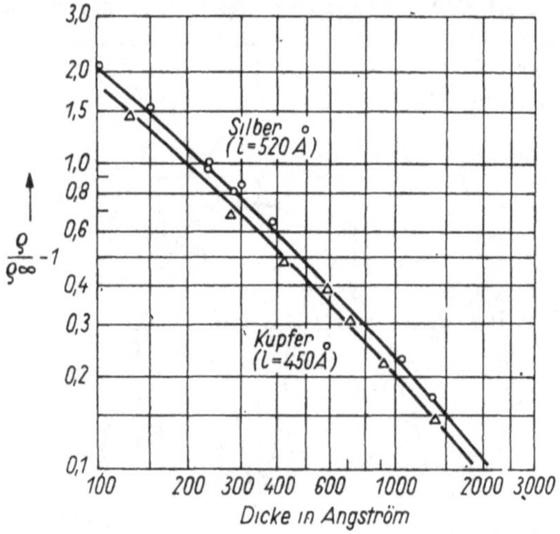

Abb. 7 – 7. Spezifischer Widerstand von Cu- und Ag-Schichten bei Zimmertemperatur. Die auf der Ordinate aufgetragene Größe $\varrho/\varrho_\infty - 1$ ist umgekehrt proportional zur Schichtdicke d.

Setzt man $\tau_{\text{eff}} = \dfrac{l_{\text{eff}}}{\bar{v}}$ in die Gleichung fur den spezifischen Widerstand ein, so wird

$$\varrho = \frac{1}{n}\,\frac{m}{q^2 \tau_{\text{eff}}} = \frac{1}{n}\,\frac{m}{q^2 \tau}\left(1 + A\,\frac{l_\infty}{d}\right) = \varrho_\infty\left(1 + A\,\frac{l_\infty}{d}\right),$$

d. h. der spezifische Widerstand erhöht sich um einen Faktor, der reziprok von der Schichtdicke d abhängt. Abb. 7 – 7 zeigt entsprechende Messungen an dünnen Cu- und Ag-Schichten, aus denen man die mittlere freie Weglänge im kompakten Material bestimmen kann.

7.5. Wärmeleitfähigkeit von Metallen

Die Wärmeleitfähigkeit von Metallen ist bei Zimmertemperatur fast um einen Faktor 100 größer als die von Isolatoren (Cu: 0,94 cal/cmsgrad, NaCl: 0,017 cal/cmsgrad), sie muß also im wesentlichen durch die Leitungselektronen bedingt sein.

Der elektronische Anteil λ^{el} der Wärmeleitung ergibt sich analog zum Gitteranteil (vgl. Abschn. 3.7) aus dem Elektronenanteil der spezifischen Wärme zu $\lambda^{el} = \frac{1}{3} c_v{}^{el} \bar{v} \, l$ ($c_v{}^{el}$ ist die spezifische Wärme pro Volumeneinheit, $v = v_F = \sqrt{\frac{2E_F}{m}}$). Mit $c_v{}^{el} = \frac{\pi^2}{2} kn \left(\frac{kT}{E_F}\right)$ (Absch. 5.6) erhält man

$$\lambda^{el} = \frac{\pi^2}{3} \frac{k^2 n \tau}{m} T \sim T .$$

Dividiert man die Wärmeleitfähigkeit λ eines Metalls (die praktisch mit dem elektronischen Anteil λ^{el} identisch ist) durch das Produkt aus elektrischer Leitfähigkeit σ und Temperatur T, so ergibt sich

$$\frac{\lambda}{\sigma T} = L = \frac{\pi^2}{3} \left(\frac{k}{q}\right)^2 = 2{,}45 \cdot 10^{-8} \text{ V}^2/\text{grad}^2 = \text{const},$$

d. h. die sog. LORENZsche Zahl L sollte eine universelle Konstante sein. Diese WIEDEMANN-FRANZsche Regel ist bei reinen Metallen experimentell gut bestätigt, man findet für L Werte zwischen 2,2 und $2{,}8 \cdot 10^{-8}$ V²/grad². Abweichungen vom theoretischen Wert sind durch Unterschiede zwischen thermischer und elektrischer Streuzeit (Relaxationszeit) bedingt.

Bei Legierungen kann auch der Gitteranteil der Wärmeleitung in die Größenordnung der elektronischen Wärmeleitfähigkeit kommen, das WIEDEMANN-FRANZsche Gesetz gilt dann nicht, wenn man die Gesamtwärmeleitfähigkeit einsetzt.

7.6. *Elektrische Leitfähigkeit von Halbleitern*

In Halbleitern müssen bei der Berechnung der Leitfähigkeit die Elektronen im Leitungsband und die Löcher im Valenzband berücksichtigt werden; ihre Konzentrationen hängen in Eigenleitern von der Temperatur, in dotierten Halbleitern außerdem von den Donator- und

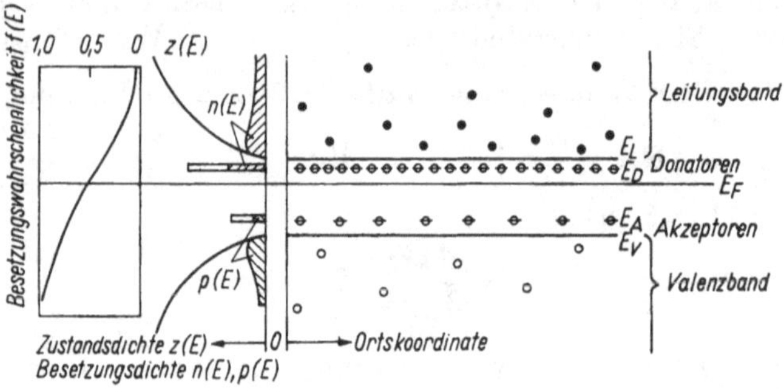

Abb. 7 – 8. **Verteilung der Elektronen und Löcher in einem gemischten Halbleiter auf die Terme des Bändermodells und der Störstellen. Die Zahl der Elektronen (•) und der negativ geladenen Akzeptoren (⊖) ist gleich der Zahl der Löcher (○) und der positiv geladenen Donatoren (⊖).**

Akzeptorkonzentrationen ab. Einen Überblick über die Verhältnisse vermittelt Abb. 7–8. Die Elektronenkonzentration im Leitungsband ergibt sich analog wie im Abschnitt 5.6 zu

$$n = \int_{E_c}^{\infty} Z(E) f(E) \mathrm{d}E = \int_{E_c}^{\infty} \frac{4\pi \left(\frac{2m_c}{\hbar^2}\right)^{3/2} \sqrt{E - E_c}\, \mathrm{d}E}{\exp(E - E_F)/kT + 1}.$$

In den meisten Fällen liegt E_F in der verbotenen Zone ($E_F < E_c$) daher ist $\exp(E - E_F)/kT \gg 1$ und man findet näherungsweise

$$n = \int_{E_c}^{\infty} 4\pi \left(\frac{2m_c}{h^2}\right)^{3/2} \sqrt{E - E_c}\, e^{-(E - E_F/kT}$$

$$= 2\left(\frac{2\pi m_c k T}{h^2}\right)^{3/2} e^{-(E_c - E_F)/kT}.$$

Analog ergibt sich die Konzentration p der Löcher im Valenzband zu

$$p = 2\left(\frac{2\pi m_h k T}{h^2}\right)^{3/2} e^{-(E_F - E_v)/kT}$$

(das negative Vorzeichen im Exponenten resultiert aus der Tatsache, daß Löcherenergien negativ zu rechnen sind).

Das bedeutet, daß man anstelle eines Energiebandes mit der Zustandsdichte $Z(E)$ mit einem einzigen Term an der Leitungsbandkante E_c bzw. der Valenzbandkante E_v rechnen kann. Diese Terme haben eine effektive Zustandsdichte $N_c = 2\left(\frac{2\pi m_c k T}{h^2}\right)^{3/2}$ bzw. $N_v = 2\left(\frac{2\pi m_c k T}{h^2}\right)^{3/2}$ und werden wegen der geringen Konzentration entsprechend der BOLTZMANN-Statistik mit Elektronen bzw. Löchern besetzt. Ist m_c bzw. m_h (Index h von engl. *hole*) gleich der Masse des freien Elektrons, so ist $N_c = N_v = 2{,}43 \cdot 10^{19}\,\mathrm{cm}^{-3}$ bei Zimmertemperatur.

Die Verunreinigungsniveaus (Donatoren und Akzeptoren) sind entsprechend der FERMI-DIRAC-Statistik besetzt; die Konzentration n_d der mit Elektronen besetzten (neutralen!) Donatoren ist

$$n_d = N_d/(\exp(E_D - E_F)/kT + 1),$$

die Konzentration n_a der mit Löchern besetzten (neutralen!) Akzeptoren ist entsprechend

$$n_a = N_a/(\exp(E_F - E_A)/kT + 1).$$

Die bisher unbekannte Lage des Ferminiveaus ergibt

sich aus der Neutralitätsbedingung

$$n + (N_a - n_a) = p + (N_d - n_d)$$

($N_d - n_d$ ist die Konzentration der positiv geladenen (leeren) Donatoren, $N_a - n_a$ die der negativ geladenen (leeren) Akzeptoren.) Diese Gleichung gestattet nur in Sonderfällen eine analytische Lösung. Wir betrachten 2 Fälle

a) *Eigenleitung* (reines Material, d. h. $N_d, N_a \ll n, p$).

Die obige Gleichung reduziert sich auf

$$n = N_c\, e^{-(E_c - E_F)/kT} = p = N_v\, e^{-(E_F - E_v)/kT}$$

woraus

$$E_F = \frac{1}{2}(E_c + E_v) + \frac{1}{2} kT \ln \frac{N_v}{N_c}$$

$$= \frac{1}{2}(E_c + E_v) + \frac{3}{4} kT \ln \frac{m_h}{m_c}$$

folgt. Der temperaturabhängige zweite Term ist meist zu vernachlässigen, so daß E_F näherungsweise in der Mitte der verbotenen Zone liegt. Setzt man dies ein, so erhält man

$$n = p = n_i = 2\left(\frac{2\pi kT}{h^2}\right)^{3/2} (m_c m_h)^{3/4}\, e^{-Eg/2kT}.$$

Die Größe n_i wird als Inversionsdichte bezeichnet, sie hängt nur von den Daten des reinen Materials und der Temperatur ab, hat jedoch auch für dotierte Halbleiter Bedeutung (vgl. b). Die Temperaturabhängigkeit von n bzw. p ist exponentiell, wobei die Aktivierungsenergie[1]) gleich der Hälfte der Breite der verbotenen Zone ist.

b) *Reine n-Leitung* ($N_a = 0$, $N_d \gg n_i$)

Unabhängig von der Art der Dotierung ist das Produkt

$$np = N_c N_v \exp(-E_g/2kT) = n_i^2$$

---

[1]) Unter Aktivierungsenergie versteht man die Größe E_a, wenn sich bei statistischen Betrachtungen ein Faktor $\exp(-E_a/kT)$ ergibt.

auch hier gleich dem Produkt der Trägerkonzentrationen bei Eigenleitung. Durch den Einbau von Donatoren wird n erhöht, p muß sich also verkleinern. Daher kann man p in der Neutralitätsbedingung vernachlässigen und erhält diese in der Form

$$N_c \exp(-(E_c - E_F)/kT) = N_d \left(1 - \frac{1}{\frac{1}{2}\exp(E_d - E_F)/kT + 1}\right)$$

$$= N_d/(1 + 2\exp(-(E_d - E_F)/kT)^{1)}).$$

Bei tiefen Temperaturen liegt E_F oberhalb von E_d (fast alle Donatoren sind besetzt: Fall der Störstellenreserve) und auf der rechten Seite kann die 1 im Nenner vernachlässigt werden. Man erhält

$$N_c \exp(-(E_c - E_F)/kT) = \frac{1}{2} N_d \exp(E_d - E_F)/kT$$

und

$$E_F = \frac{1}{2}(E_c + E_d) + \frac{1}{2} kT \ln \frac{N_d}{2N_c}.$$

E_F liegt etwa in der Mitte zwischen E_d und E_c und sinkt mit wachsender Temperatur ab, wenn, wie in der Praxis meist erfüllt, $N_d < N_c$ und deshalb $\ln(N_d/N_c)$ negativ ist.

Für die Elektronenkonzentration erhält man

$$n = \sqrt{\frac{1}{2} N_c N_d}\, e^{-\frac{1}{2}(E_c - E)kT},$$

d. h. eine exponentielle Temperaturabhängigkeit mit einer Aktivierungsenergie gleich der halben Bindungsenergie des Elektrons am Donator. n steigt mit der Wurzel aus der Donatorenkonzentration N_d an.

---

[1]) Der Faktor $\frac{1}{2}$ in der Gleichung $n_d = \frac{1}{\frac{1}{2}\exp(E_d - E_F)/kT + 1}$ berücksichtigt, daß infolge der zwei möglichen Spinorientierungen ein leerer Donator 2 Plätze hat, jedoch nur 1 Platz besetzt wird.

Bei hohen Temperaturen sinkt E_F unter die Störstellenenergie, fast alle Donatoren sind ionisiert (leer): Fall der Störstellenerschöpfung. Jetzt kann auf der rechten Seite der Neutralitätsbedingung die Exponentialfunktion gegenüber der 1 vernachlässigt werden und damit ist

$$N_c\, e^{-(E_c-E_F)/kT} = N_d \quad \text{bzw.} \quad E_F = E_c + kT \ln(N_d/N_c).$$

Die Elektronenkonzentration wird $n = N_d$ unabhängig von der Temperatur.

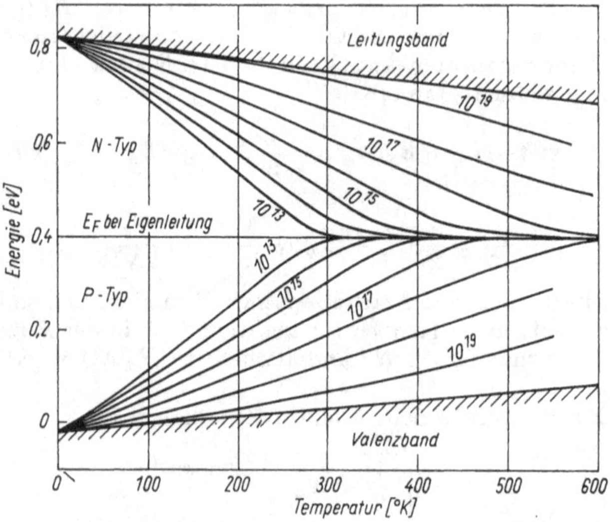

Abb. 7 – 9. Temperatur- und Konzentrationsabhängigkeit der Lage des FERMI-Niveaus in n- und p-leitendem Ge

Bei Berücksichtigung der Löcherkonzentration in der Neutralitätsbedingung kann E_F höchstens bis in die Mitte der verbotenen Zone absinken; bei noch höheren Temperaturen setzt dann Eigenleitung ein.

Analoge Überlegungen kann man für einen p-Leiter anstellen. Abb. 7 – 9 zeigt für beide Fälle die Temperatur- und Dotierungsabhängigkeit der Lage des Ferminiveaus in Ge, wobei auch die Temperaturabhängigkeit der Breite der verbotenen Zone berücksichtigt ist. Bei tiefen Temperaturen und hoher Dotierung ($> 10^{19}\,\mathrm{cm}^{-3}$) liegt E_F im Leitungs- bzw. Valenzband. Man spricht dann von entarteten Halbleitern, die sich bez. der Leitfähigkeit metallähnlich verhalten.

Die Beweglichkeit wird in Halbleitern ebenfalls vorwiegend durch Gitterstreuung und Streuung an ionisierten Störstellen bestimmt. Im Gegensatz zu Metallen ist (infolge der MAXWELL-BOLTZMANN-Statistik in den Bändern) die mittlere thermische Geschwindigkeit temperaturabhängig: $\bar{v} = \sqrt{\frac{kT}{m}} \sim \sqrt{T}$.

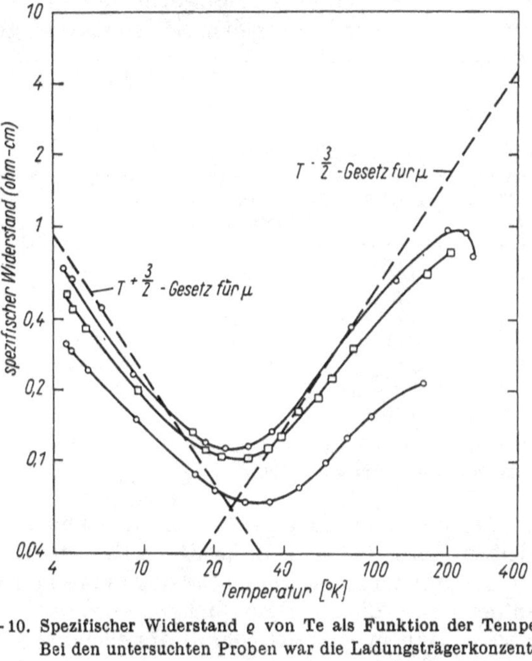

Abb. 7 – 10. Spezifischer Widerstand ϱ von Te als Funktion der Temperatur. Bei den untersuchten Proben war die Ladungsträgerkonzentration konstant, daher ist $\varrho \sim 1/\mu$.

Daher wird die Temperaturabhängigkeit bei Gitterstreuung durch

$$\mu_L \sim \tau_L \sim \frac{M\Theta^2}{T \cdot N \cdot \bar{v}} \sim T^{-3/2}$$

und bei Störstellenstreuung durch

$$\mu_i \sim \tau_i \sim \frac{\bar{v}^3}{N_i} \sim T^{+3/2}$$

gegeben. Da die Gesamtbeweglichkeit durch die kleinere Beweglichkeit bestimmt wird, dominiert bei hohen Temperaturen Gitter-, bei tiefen Temperaturen Störstellenstreuung (vgl. Abb. 7–10).

Typische Werte für die Beweglichkeiten sind in Tabelle 7–4 enthalten, es ergeben sich wesentlich größere Werte als in Metallen.

Tabelle 7–4.

Halbleiterparameter (bei Zimmertemperatur)

Stoff	E_g[eV]	Beweglichkeit [cm²/Vs] Elektronen	Löcher
Diamant	5,6	1800	1200
Si	1,2	1600	400
Ge	0,78	3800	1800
InSb	0,18	77000	1250
InAs	0,46	23000	100
GaSb	0,79	4000	650
GaAs	1,45	8500	400

(Die Werte für die Beweglichkeit sind nur Richtwerte, da die Beweglichkeit stark vom Verunreinigungsgrad abhängt.)

Die Temperaturabhängigkeit der Leitfähigkeit von Halbleitern wird in erster Linie durch die exponentielle Temperaturabhängigkeit der Ladungsträgerkonzentrationen bestimmt, die der Beweglichkeit wird davon meist überdeckt. Nur im Bereich der Störstellenerschöpfung, in dem die Trägerkonzentration temperaturunabhängig ist, macht sich der Temperaturgang der Beweglichkeit bemerkbar. Ein typischer Verlauf ist in Abb. 7—11 dargestellt.

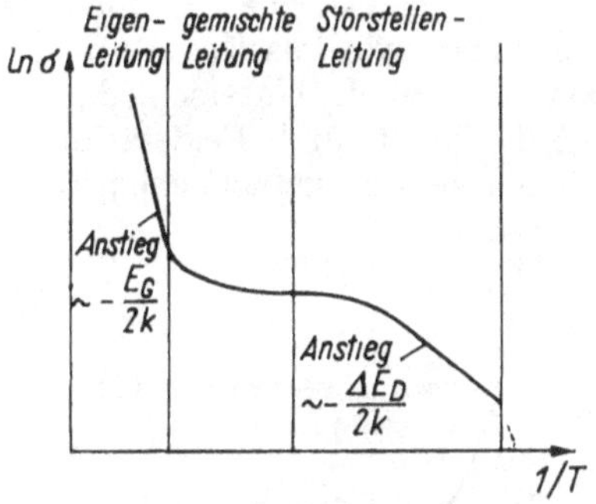

Abb. 7—11. Temperaturabhängigkeit der Leitfähigkeit eines n-Halbleiters mit konstanter Beweglichkeit (schematisch)

8. Magnetische Eigenschaften

Phänomenologisch wird die Reaktion eines Stoffes auf ein magnetisches Feld H durch die relative Permeabilität $\bar{\mu}$ beschrieben, so daß sich die magnetische Induktion B zu

$$B = \mu_0 \bar{\mu} H \qquad (\mu_0 = 1{,}2566 \cdot 10^{-6}\ \text{Vs/Am})$$

ergibt. Analog wie beim dielektrischen Verhalten führt man ein von 1 verschiedenes $\bar{\mu}$ auf magnetische Dipolmomente zurück, die eine Magnetisierung M (Dipolmoment/Volumeneinheit) bewirken:

$$B = \mu_0 H + M \qquad \text{mit} \qquad M = \mu_0 \chi H.$$

Die Größe χ (in nicht kubischen Kristallen im allgemeinen ebenso wie Dielektrizitätskonstante ein Tensor 2. Stufe) heißt Suszeptibilität, sie kann aus der Kraftwirkung inhomogener magnetischer Felder auf den zu untersuchenden Körper gemessen werden. Man findet für verschiedene Stoffgruppen einen Temperaturgang von χ, wie er schematisch in Abb. 8 – 1 dargestellt ist. Magnetische und elektrische Größen entsprechen einander weitgehend, wie aus Tabelle 8 – 1 hervorgeht.

Jedoch existieren auch Unterschiede. Während im elektrischen Fall Kraft und Feldstärke parallel sind ($\boldsymbol{F}_e = e\boldsymbol{E}$), stehen sie im magnetischen Fall aufeinander

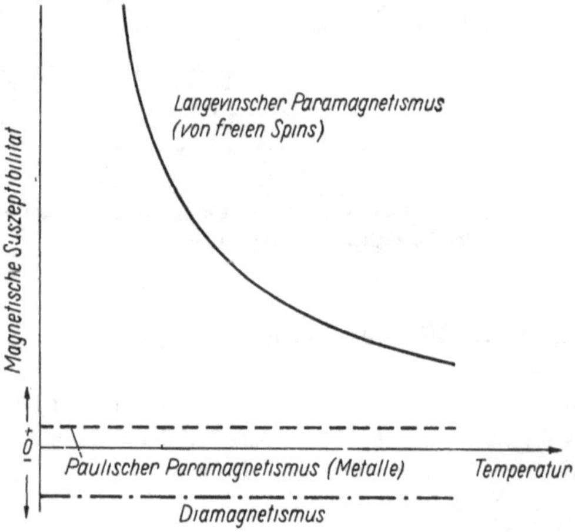

Abb. 8 – 1. Charakteristische magnetische Suszeptibilität dia- und paramagnetischer Stoffe

Tabelle 8 – 1.

Einander entsprechende elektrische und magnetische Größen

elektrische Größe	magnetische Größe
elektrische Feldstärke E	magnetische Feldstärke H
dielektrische Verschiebung D	magnetische Induktion B
elektrische Suszeptibilität χ_e	magnetische Suszeptibilität χ
Dielektrizitätskonstante ε	Permeabilität $\tilde{\mu}$
Polarisation P	Magnetisierung M
elektrisches Dipolmoment p	magnetisches Dipolmoment μ

senkrecht ($F_m = e \cdot ([v \times B)]$, außerdem ist F_m geschwindigkeitsabhängig.

Zweitens ist im Gegensatz zum elektrischen Fall bei induzierten Dipolmomenten χ negativ (Diamagnetismus) und nur beim Vorhandensein permanenter Dipolmomente (infolge nicht abgeschlossener Elektronenschalen) positiv (Paramagnetismus).

Der dritte wesentliche Unterschied besteht in der Größe der Wechselwirkungsenergie atomarer Dipolmomente, die bei einem Abstand in der Größenordnung von 1 Å im elektrischen Fall bei 10 eV liegt, also die mittlere thermische Energie bei Zimmertemperatur (25 meV) weit übertrifft, im magnetischen Fall jedoch nur 10^{-4} eV erreicht, also viel kleiner als die thermische Energie ist. Dementsprechend ist die dielektrische Polarisation groß gegenüber dem Vakuumwert $\varepsilon_0 E$, die Magnetisierung (außer bei Ferromagnetika, vgl. Abschnitt 8.3) dagegen klein gegen den Vakuumwert $\mu_0 H$. Das hat zur Folge, daß im Gegensatz zu den Verhältnissen bei Dielektrika das Problem des inneren Feldes bei Dia- und Paramagnetika keine Rolle spielt.

Die Berechnung der dia- und paramagnetischen Suszeptibilität kann daher wie bei Gasen erfolgen, wobei lediglich die im Festkörper gegenuber den freien Atomen geänderte Elektronenkonfiguration der Valenzelektronen zu berücksichtigen ist. Da bei der VAN-DER-WAALS-Bindung die abgeschlossenen Elektronenschalen der Moleküle erhalten bleiben, bei der Ionenbindung abgeschlossenen Schalen gebildet werden und bei der homöopolaren Bindung Spinabsättigung der Valenzelektronen auftritt, ist in allen diesen Fällen diamagnetisches Verhalten zu erwarten. Paramagnetismus tritt auf, wenn tiefer liegende unabgeschlossene Schalen vorhanden sind (z. B. bei Übergangsmetallionen und Seltenen Erden), deren paramagnetischer Beitrag dominiert. Bei der metallischen Bindung erwartet man einen Beitrag der quasifreien Leitungselektronen zum Paramagnetismus. Alle diese Erwartungen werden gut bestätigt.

Beim kollektiven Magnetismus (Ferro-, Ferri-, Antiferromagnetismus) ist unterhalb einer Ordnungstemperatur die Wechselwirkung zwischen den permanenten Dipolmomenten für die Herausbildung eines magnetischen Ordnungszustandes entscheidend. Die Wechselwirkung ist allerdings nichtmagnetischen Ursprungs, da sonst die Ordnungstemperaturen unterhalb von 1 K liegen würden. Auf diese Problematik wird im Abschnitt 6.3 eingegangen.

8.1. Diamagnetismus

Setzt man Atome oder Moleküle mit abgeschlossenen Elektronenschalen dem Einfluß eines Magnetfeldes aus, so tritt Induktion auf. Die durch das Magnetfeld induzierte Umlaufspannung erzeugt eine zusätzliche Elektronenbewegung, die das Magnetfeld zu schwächen bestrebt ist (LENZsche Regel).

Die Größe des Effekts läßt sich wie folgt berechnen: Hat das Magnetfeld seinen stationären Wert erreicht, so wird die LORENTZ-Kraft evB durch die Zentrifugalkraft kompensiert:

$$evB = mv^2/r$$

(Es läßt sich zeigen, daß das Magnetfeld keine Radienänderung bewirkt, da auch während des Anwachsens des Magnetfelds Gleichgewicht zwischen LORENTZ- und Zentrifugalkraft bestehen muß.) Daraus ergibt sich die Rotationsgeschwindigkeit der Elektronenhülle zu

$$v = eBr/m.$$

Da die Ladung der Hülle $-Ze$ (Z = Kernladungszahl) beträgt, entsteht ein Strom $I = -Zev/2\pi r = -Ze^2 \times \times B/2\pi m$. Nach dem AMPÈREschen Gesetz entspricht ihm ein magnetisches Moment

$$\mu = \mu_0 I \pi r^2 = -\mu_0 \frac{Ze^2B}{2m} r^2 \qquad (B = \mu_0 H).$$

Eine genauere Rechnung, die berücksichtigt, daß anstelle von r nur die Projektion des Radius auf die Ebene senkrecht zur Magnetfeldrichtung zum magnetischen Moment beiträgt, liefert

$$\mu = -\mu_0 \frac{Ze^2}{6m} \bar{r}^2 \mu_0 H$$

und

$$\chi = \frac{\mu N}{\mu_0 H} = -\mu_0 \frac{Ze^2}{6m} \bar{r}^2 N .$$

(N Teilchenzahl pro Volumeneinheit, $\bar{r}^2$ räumlicher Mittelwert von r^2). χ ist negativ, temperaturunabhängig und ebenso wie N proportional zur Dichte ϱ. Man gibt daher häufig die spezifische Suszeptibilität $\chi_s = \chi/\varrho$ oder die Molsuszeptibilität χ_M (mit $N = N_L = 6{,}023 \cdot 10^{23}\ \mathrm{mol}^{-1}$) an.

In Tabelle 8–2 sind die für Edelgase berechneten und gemessenen Werte für χ_n miteinander verglichen; die gute Übereinstimmung bestätigt die Richtigkeit der Vorstellungen über den Diamagnetismus.

Tabelle 8–2.

Molsuszeptibilitäten von Edelgasen

Stoff	He	Ne	Ar	Kr	Xe
Z	2	10	18	36	54
(ber.)	– 1,8	– 9,0	– 16,2	– 32,4	– 48,6 · 10^{-6}
(exp.)	– 1,9	– 7,2	– 19,4	– 28,0	– 43,0 · 10^{-6}

8.2. Paramagnetismus

Ursache für den Paramagnetismus ist das Vorhandensein nicht abgeschlossener Elektronenschalen, die ein permanentes magnetisches Moment haben.[1]) Beispiels-

[1]) Den wegen der großen Masse sehr kleinen Beitrag der Atomkerne vernachlässigen wir. Er ist mittels hochempfindlicher Resonanzmethoden nachweisbar.

weise hat ein einzelnes Elektron infolge seiner Bahnbewegung ein magnetisches Moment μ der Größe

$$\mu = \mu_0 \frac{e\hbar}{2m} l = \mu_B l .$$

(l Bahndrehimpulsquantenzahl, $\mu_B = \mu_0 \frac{e\hbar}{2m} = 1{,}1653 \times 10^{-29}$ Vsm = Bohrsches Magneton.)

Man erhält dies in halbklassischer Betrachtungsweise wie folgt: ein auf einer Kreisbahn mit dem Radius r umlaufendes Elektron repräsentiert einen Kreisstrom $\frac{ev}{2\pi r}$ und damit ein magnetisches Moment $\mu = \mu_0 \frac{ev}{2\pi r} \pi r^2$. Berücksichtigt man, daß der Drehimpuls gequantelt ist, also $mvr = \hbar l$ gilt, so erhält man die obige Formel.

Im allgemeinen tragen Bahnbewegung und Spin des Elektrons zum magnetischen Moment bei, es gilt dann[1])

$$\mu = \mu_B \cdot g \sqrt{j(j+1)},$$

wobei sich der LANDÉ-Faktor

$$g = 1 + \frac{j(j+1)\, s(s+1) - l(l+1)}{2j(j+1)}$$

aus Spinquantenzahl s, Bahndrehimpulsquantenzahl l und Gesamtdrehimpulsquantenzahl j berechnet. $g\sqrt{j(j+1)}$ wird auch als effektive Magnetonenzahl des betreffenden Zustands bezeichnet.

Sind mehrere Elektronen am Zustandekommen des magnetischen Moments beteiligt, so sind die entsprechenden Mehrelektronen-Quantenzahlen (S, L, J) anstelle von s, l und j zu benutzen.

---

[1]) μ ist der Betrag des magnetischen Moments, die maximale Komponente in Richtung eines Magnetfeldes, die allein meßbar ist, beträgt $\mu_m = \mu_B g j$.

8.2.1. *Paramagnetismus von Atomen mit nicht abgeschlossenen inneren Elektronenschalen*

Ein Atom mit dem magnetischen Moment μ hat in einem Magnetfeld H die Energie $E = -\mu H \cos(\mu, H)$.

Wir betrachten zunächst den Fall $j = 1/2$ $(g = 2)$, also reinen Spinmagnetismus. Ein solches Atom hat im Magnetfeld zwei Orientierungsmöglichkeiten (parallel oder antiparallel), denen die Energien $E_1 = E_0 - \mu_B H$ und $E_2 = E_0 + \mu_B H$ entsprechen (E_0 ist die Energie ohne Magnetfeld), wie wir in Abb. 8–2 sehen können.

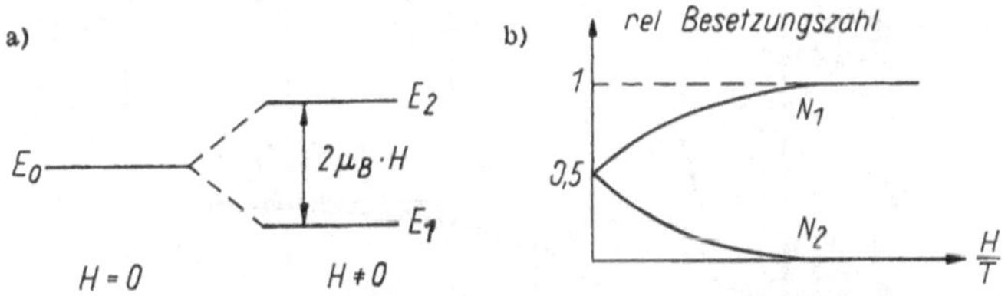

Abb. 8–2. a) Aufspaltung eines Terms mit $j = 1/2$ im Magnetfeld. Im Zustand E_1 sind magnetisches Moment und Magnetfeld parallel, im Zustand E_2 antiparallel. b) Besetzungswahrscheinlichkeit N_1 bzw. N_2 von E_1 und E_2 als Funktion von H/T.

Die Besetzungszahlen der Niveaus ergeben sich aus der Boltzmann-Statistik zu $N_1 = A e^x$ und $N_2 = A e^{-x}$ mit $x = \mu_B H/kT$ und $N_1 + N_2 = N = \text{const}$, woraus die Magnetisierung $M = N_1 \mu_B - N_2 \mu_B = N \mu_B \times \times \dfrac{e^x - e^{-x}}{e^x + e^{-x}} = N \cdot \mu_B \cdot \tanh\left(\dfrac{\mu_B H}{kT}\right)$ folgt.[1])

Für große Felder und tiefe Temperaturen (x groß) strebt M der Sättigungsmagnetisierung $M_\infty = N\mu_B$ zu, für kleine Felder wird $\tanh x \approx x$ und damit

$$M \approx N \frac{\mu_B^2}{kT} H \quad \text{bzw.} \quad \chi = \frac{M}{\mu_0 H} = \frac{1}{\mu_0} N \frac{\mu_B^2}{kT} = \frac{C}{T}$$

(Curie-Gesetz).

[1]) Da es sich um lokalisierte, also unterscheidbare Teilchen handelt, ist hier die Boltzmann-Statistik zu verwenden.

Durch analoge Betrachtungen erhält man für $J \neq 1/2$

$$M = N\mu_B g J B_J(x) \qquad \text{mit} \qquad x = \mu_B g J H/kT$$

und

$$B_J(x) = \frac{2J+1}{2J}\coth\left[\frac{(2J+1)x}{2J}\right] - \frac{1}{2J}\coth\left[\frac{x}{2J}\right]$$

(Brillouin-Funktion),

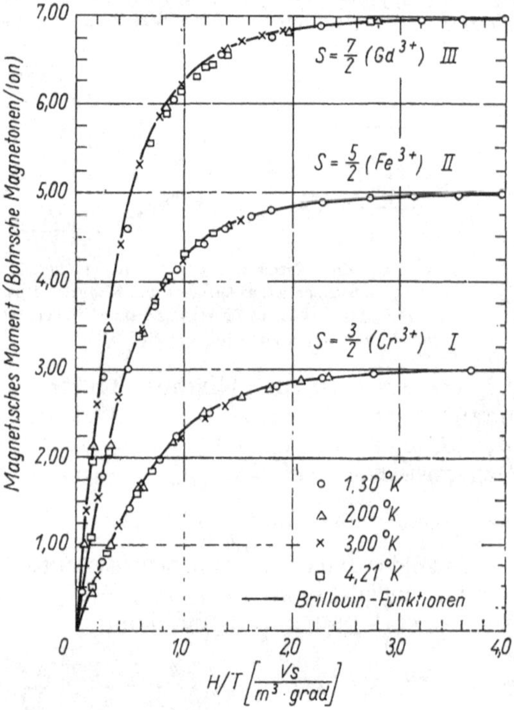

Abb. 8 – 3. Abhängigkeit des magnetischen Moments von H/T für kugelförmige Proben aus (I) Kalium-Chrom-Alaun, (II) Eisen-III-Alaun und (III) Gadolinium-Sulfat-Oktahydrat. Bei 1,3 K und etwa 5 Vs/m² wird eine 99,3%ige magnetische Sättigung erreicht.

woraus die Sättigungsmagnetisierung $M_\infty = N \mu_B g J$ und die Suszeptibilität $\chi = \frac{1}{\mu_0} \frac{N J (J+1) g^2 \mu_B^2}{3kT} = \frac{C}{T}$ folgt.

Sowohl Suszeptibilitäts- als auch Sättigungsmessungen (vgl. Abb. 8—3) gestatten es also, die effektive Magnetonenzahl $p = g \sqrt{J(J+1)}$ zu ermitteln. Tabelle 8—3 zeigt die Ergebnisse für Ionen der Seltenen Erden, Tabelle 8—4 die für die Übergangsmetallionen.

Tabelle 8—3.

Magnetonenzahlen von Ionen der Seltenen Erden

Ion	Konfiguration	J	$p = J(J+1)\ g$	p (exper.)
Ce^{3+}	$4f^1$	5/2	2,54	2,4
Pr^{3+}	$4f^2$	4	3,58	3,5
Nd^{3+}	$4f_4$	9/2	3,62	3,6
Pm^{3+}	$4f^4$	4	2,68	–
Sm^{3+}	$4f^5$	5/2	0,84	1,5
Eu^{3+}	$4f^6$	0	0	3,4
Gd^{3+}	$4f^7$	7/2	7,94	8,0
Tb^{3+}	$4f^8$	6	9,72	9,5
Dy^{3+}	$4f^9$	15/2	10,63	10,6
Ho^{3+}	$4]^{10}$	8	10,60	10,4
Er^{3+}	$4f^{11}$	15/2	9,59	9,5
Tm^{3+}	$4f^{12}$	6	7,57	7,3
Yb^{3+}	$4f^{13}$	7/2	4,54	4,5

Tabelle 8—4.

Magnetonenzahlen von Übergangsmetallionen

Ion	Konfiguration	J	S	$gJ(J+1)$	$2S(S+1)$	p (exper.)
Ti^{3+}, V^{4+}	$3d^1$	3/2	1/2	1,55	1,72	1,8
V^{3+}	$3d^2$	2	1	1,63	2,83	2,8
Cr^{3+}, V^{2+}	$3d^3$	3/2	3/2	0,77	3,87	3,8
Mn^{3+}, Cr^{2+}	$3d^4$	0	2	0	4,90	4,9
Fe^{3+}, Mn^{2+}	$3d^5$	5/2	5/2	5,92	5,92	5,9
Fe^{2+}	$3d^6$	4	2	6,70	4,90	5,4
Co^{2+}	$3d^7$	9/2	3/2	5,63	3,87	4,8
Ni^{2+}	$3d^8$	4	1	5,59	2,83	3,2
Cu^{2+}	$3d^9$	5/2	1/2	3,55	1,73	1,9

Bei den Seltenen Erden stimmen die experimentell ermittelten Magnetonenzahlen gut mit den aus dem Gesamtdrehimpuls J der freien Ionen errechneten überein, die chemische Bindung beeinflußt die $4f$-Elektronen also nicht. Die großen Diskrepanzen beim Sm^{3+} und Eu^{3+} erklären sich daraus, daß hier dicht oberhalb des Grundzustandes angeregte Niveaus existieren, die noch merklich besetzt sind und deshalb zum magnetischen Verhalten beitragen (sie liefern einen temperaturunabhängigen Paramagnetismus).

Bei den Übergangsmetallionen stimmen die experimentell ermittelten Magnetonenzahlen mit den aus dem Spin errechneten überein, der Bahndrehimpuls spielt hier offenbar keine Rolle, er wird „ausgelöscht". Dies deutet auf eine gewisse Beeinflussung der $3d$-Elektronen durch die chemische Bindung hin.

8.2.2. Paramagnetismus der Leitungselektronen

Leitungselektronen verhalten sich im wesentlichen wie freie Teilchen mit dem Spin 1/2, so daß man einen Beitrag $M^{el} = n \frac{\mu_B^2}{kT} H$ zur Magnetisierung, also paramagnetisches Verhalten erwartet.[1]) Für Leitungselektronen in Halbleitern, die der BOLTZMANN-Statistik unterliegen, trifft das auch zu.

Bei Metallen tritt jedoch infolge der FERMI-DIRAC-Statistik abweichendes Verhalten auf. Im Magnetfeld werden alle Zustände mit Spin parallel zum Feld energetisch um $\mu_B H$ erniedrigt, alle Zustände mit antiparallelem Spin um $\mu_B H$ angehoben (Abb. 8–4). Da sich ein einheitliches FERMI-Niveau einstellt, überwiegt die Zahl der Elektronen mit parallelen Spins und man erhält

[1]) Die Leitungselektronen liefern außerdem wegen der Bahnbewegung einen diamagnetischen Beitrag in der Höhe eines Drittels des paramagnetischen (LANDAUscher Diamagnetismus).

eine paramagnetische Magnetisierung (PAULIscher Paramagnetismus der Leitungselektronen).

Die Berechnung dieser Magnetisierung verläuft ähnlich wie die der spezifischen Wärme der Leitungselektronen (vgl. Abschn. 5.6.). Sie liefert im wesentlichen das auch anschaulich klare Ergebnis, daß nur der Bruchteil kT/E_F der Elektronen umverteilt werden kann. Damit wird $\chi = \frac{2}{3}\frac{1}{\mu_0}\frac{N\mu_B^2}{kT}\frac{kT}{E_F} = \frac{2}{3\mu_0}N\frac{\mu_B^2}{E_F}$ unabhängig von der Temperatur (der Faktor 2/3 berücksichtigt den diamagnetischen Beitrag).

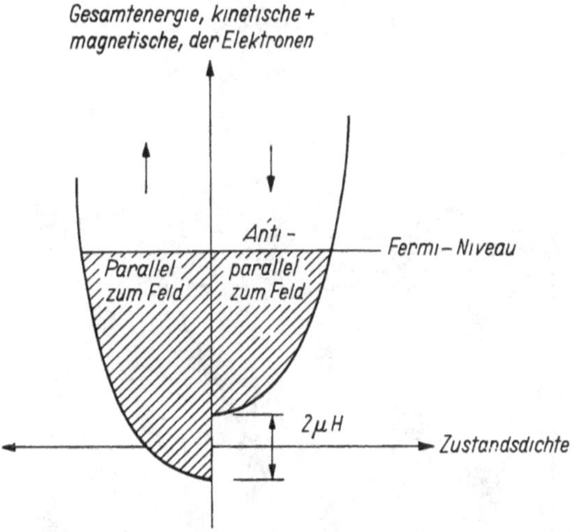

Abb. 8-4. PAULIscher Paramagnetismus bei 0 K. Die Zustände in den schattierten Teilen sind besetzt

8.3. *Kollektiver Magnetismus*

Eine für Festkörper charakteristische Erscheinung ist das Auftreten magnetisch geordneter Strukturen, von denen Abb. 8-5 einige typische Beispiele zeigt.

Von diesen Strukturen ist der Ferromagnetismus (parallel angeordnete Spins) schon lange bekannt, da er sich makroskopisch deutlich bemerkbar macht (Auftreten der spontanen Magnetisierung, Kraftwirkungen, Hystereseerscheinungen, hohe Permeabilität), während

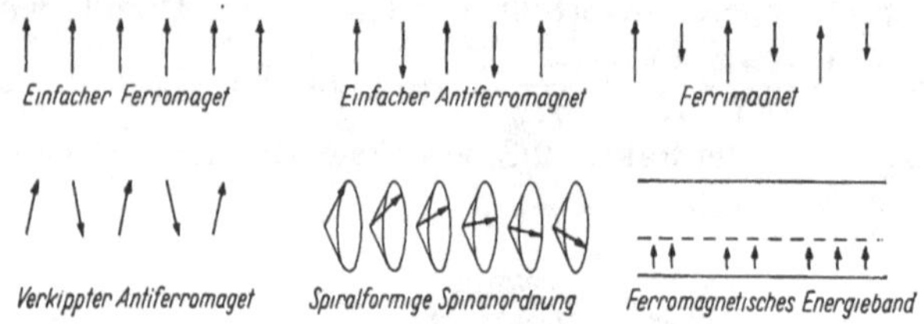

Abb. 8 – 5. Ordnungszustände von Elektronenspins (schematisch)

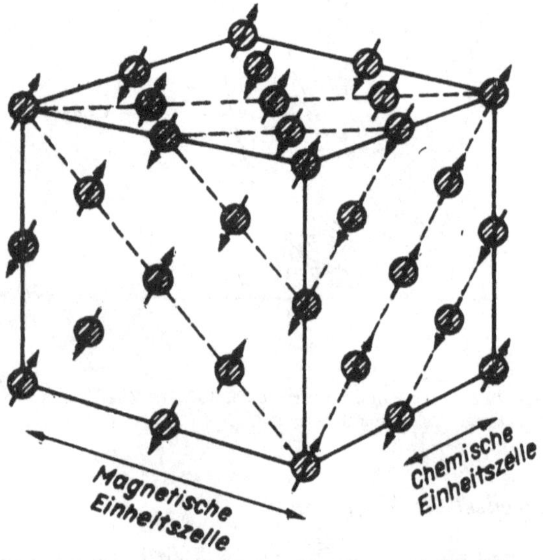

Abb. 8 – 6. Ordnung der magnetischen Momente der Mn^{2+}-Ionen im MnO. Die O^{2-}-Ionen sind nicht gezeichnet. Die magnetische Einheitszelle hat die doppelte Kantenlänge der chemischen.

die Erforschung der übrigen komplizierten Strukturen jungeren Datums ist, da sie z. T. nur schwierig nachzuweisen sind. Beispielsweise lieferten in vielen Fällen erst Neutronenbeugungsuntersuchungen die Gewißheit über antiferromagnetische Strukturen, wie z. B. beim MnO (Abb. 8–6).

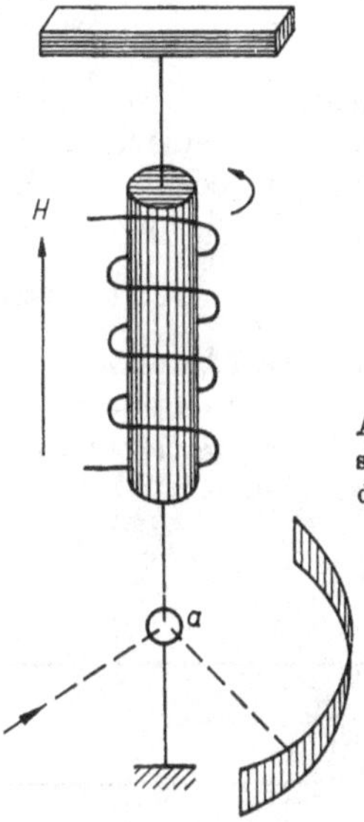

Abb. 8–7. Prinzip des EINSTEIN-DE-HAAS-Versuchs. Der Spiegel a macht über den Lichtzeiger die Drehung der Probe meßbar

Träger des kollektiven Magnetismus sind ebenso wie beim Paramagnetismus die Elektronen. Dies läßt sich durch unmittelbare Messung des gyromagnetischen Verhältnisses γ (Verhältnis von magnetischem Moment zu Drehimpuls) mittels des EINSTEIN-DE-HAAS-Versuchs (Abb. 8–7) nachweisen. Ein Zylinder aus ferromagnetischen Material (z. B. Eisen) ist leicht drehbar in einem starken Magnetfeld aufgehängt. Alle magnetischen Momente sind parallel zum Magnetfeld orientiert. Polt man das Feld um, so ändern auch alle magnetischen Momente ihre Orientierung. Dies entspricht einer Drehimpulsänderung, die infolge des Drehimpulserhaltungssatzes zu einer Rotation des Zylinders führt. Aus der Verdrillung des Fadens läßt sich das gyromagnetische Verhältnis messen. Es ergibt sich in der Größenordnung von $\mu_B/\hbar$, also sind Elektronen die Ursache für den Ferromagnetismus. (Bei Eisen ist $\gamma = 2\frac{\mu_B}{\hbar}$, d. h. es handelt sich um reinen Spinmagnetismus mit $g = 2$.)

Es liegt nahe, die Ursache für geordnete Strukturen in der magnetischen Wechselwirkung benachbarter Dipole zu suchen. Diese Vermutung ist jedoch falsch. Ein magnetisches Moment erzeugt am Ort des Nachbarmoments ein inneres Feld $H_i \approx \frac{\mu}{4\pi\mu_0 r^3}$. Setzt man für den Abstand r nächster Nachbarn etwa 1 Å und $\mu = \mu_B$ ein, so ergibt sich $H_i \approx 10^6$ A/m, was einer magnetischen Wechselwirkungsenergie $\mu_B H_i \approx 10^{-23}$ VAs

Tabelle 8–5.

Eigenschaften ferromagnetischer Stoffe

Stoff	M_S(300 K) [Vs/cm²]	M_S(0 K) [Vs/cm²]	n_B(0 K)	T_C [K]
Fe	1707	1740	2,22	1043
Co	1400	1446	1,72	1400
Ni	485	510	0,61	631
Gd	–	2010	7,1	292
Dy	–	2920	10,0	85
CrO_2	515	–	2,03	392
Fe_3O_4	480	–	4,1	858
EuO	–	1920	6,8	69

M_S spontane Magnetisierung,

n_B Zahl der BOHRschen Magnetonen pro Formeleinheit,

T_C ferromagnetische CURIE-Temperatur

$\approx 10^{-4}$ eV entspricht.[1]) Dieser Wert ist viel kleiner als die mittlere thermische Energie bei Zimmertemperatur, d. h. magnetisch geordnete Strukturen dürften nur bei sehr tiefen Temperaturen (Größenordnung 1 K) existieren. Dagegen zeigt Tabelle 8–5, daß selbst oberhalb von 1000 K noch Ferromagnetismus existiert, d. h. die für die magnetische Ordnung verantwortliche Wechselwirkung benachbarter magnetischer Momente muß in Wirklichkeit mindestens um den Faktor 1000 stärker als die magnetische Dipol-Dipol-Wechselwirkung sein.

8.3.1. Molekularfeldtheorie

Die einfachste, wenngleich nicht vollständig befriedigende „Erklärung" für den Ferromagnetismus besteht darin, ein genügend starkes inneres magnetisches Feld H_i unbekannter Herkunft zu postulieren. Man setzt H_i proportional zur Magnetisierung M. Es ist $\mu_0 H_i = \lambda M$ (λ = Molekularfeldkonstante) und man erhält für die Magnetisierung durch Übertragung der Gleichung für den Paramagnetismus (Abschn. 8.2.1) im Falle $J = 1/2$

$$M = N\mu_B \tanh\left[\frac{\mu_B(H + \lambda M/\mu_0)}{kT}\right].$$

Dies ist eine implizite Gleichung für M als Funktion von H und T. Führt man die Abkürzungen $\xi = \dfrac{\lambda M \mu_B}{\mu_0 k T}$ und $\xi_0 = \dfrac{\mu_B H}{kT}$ ein, so wird

$$M = \mu_0 \frac{kT}{\lambda \mu_B}\, \xi = N\, \mu_B \tanh\,(\xi + \xi_0),$$

d. h. ξ und damit M ergeben sich als Schnitt einer Geraden durch den Nullpunkt mit der Hyperbeltangensfunktion

---

[1]) Im entsprechenden Fall der Wechselwirkung elektrischer Dipolmomente beträgt die Energie etwa 10 eV, ist also groß gegen kT. Dies bedeutet, daß sich die Ferroelektrizität im Prinzip als elektrische Dipol-Dipol-Wechselwirkung verstehen läßt

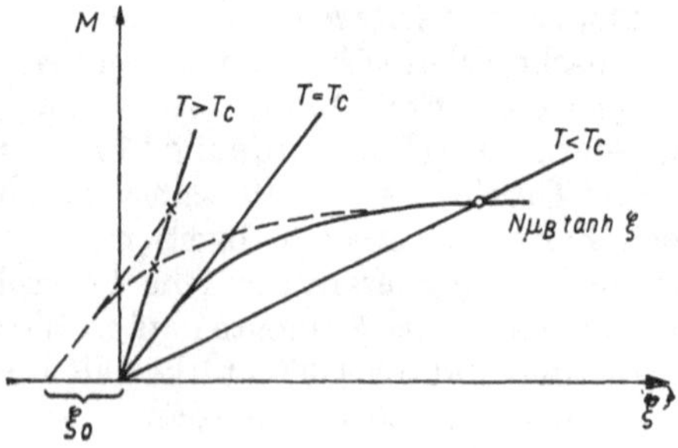

Abb. 8 – 8. Schema zur Berechnung der Temperaturabhängigkeit der spontanen Magnetisierung

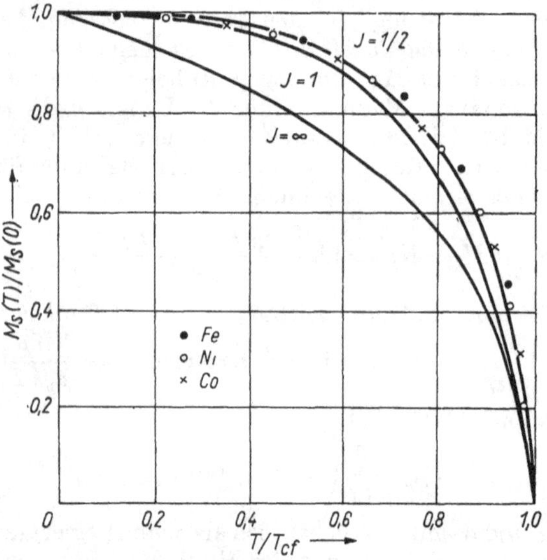

Abb. 8 – 9. Spontane Magnetisierung von Fe, Co und Ni als Funktion der Temperatur. Die ausgezogenen Kurven sind nach der Molekularfeldtheorie für die angegebenen J-Werte berechnet. Man sieht, daß es sich bei den 3 Metallen um reinen Spinmagnetismus ($J = {}^1/_2$) handelt

(Abb. 8–8). Für den Fall $\xi_0 = 0$ (kein äußeres Magnetfeld) existiert bei tiefen Temperaturen (flache Gerade) ein Schnittpunkt, d. h. M hat auch ohne Magnetfeld einen endlichen Wert M_s (spontane Magnetisierung). Mit wachsender Temperatur sinkt M_s ab (Abb. 8–9) und erreicht den Wert Null bei der sog. ferromagnetischen CURIE-Temperatur T_{cf}, die dadurch gegeben ist, daß die Gerade im Nullpunkt tangiert. Daraus folgt

$$T_{cf} = \frac{\lambda N \mu_B^2}{\mu_0 k} \qquad \text{bzw.} \qquad \lambda = \frac{\mu_0 k T_{cf}}{N \mu_B^2}.$$

Mann kan also aus der CURIE-Temperatur und der Sättigungsmagnetisierung bei tiefen Temperaturen die Molekularfeldkonstante λ und damit das innere Feld H_i berechnen. Für Eisen ($T_c \approx 1000\,\mathrm{K}$ und $M_s(0) = 0{,}17\ \mathrm{Vs/m^2}$) ergibt sich $\lambda \approx 5000$ und $H_i = 7 \cdot 10^8\ \mathrm{A/m}$, also erwartungsgemäß ein Wert für H_i, der etwa um den Faktor 1000 hoher als das Dipolfeld liegt.

Legt man ein äußeres Magnetfeld an ($\xi_0 \neq 0$), so wird die Hyperbeltangenskurve nach links verschoben (Abb. 8–8, gestrichelte Kurve). Jetzt existiert stets ein Schnittpunkt mit der Geraden $M = \dfrac{\mu_0 k T \xi}{\mu_B \lambda}$. Er liegt bei tiefen Temperaturen ($T < T_{cf}$) in der Nähe von M_s, d. h. durch ein Magnetfeld wird die Magnetisierung im ferromagnetischen Bereich wenig geändert. Bei hohen Temperaturen ($T > T_{cf}$) stimmt der Schnittpunkt nahezu mit dem zwischen der Geraden und der Tangente $M = \mu_B N \times$ $\times (\xi_0 + \xi)$ an die verschobene Kurve überein. Daraus folgt

$$M = \mu_B N \left(\xi_0 + \frac{\lambda M \mu}{\mu_0 k T}\right) = \mu_B N \left(\frac{\mu_B H}{k T} + \frac{\lambda M \mu}{\mu_0 k T}\right)$$

bzw.

$$M = \frac{\mu_B^2 N H}{k T - \dfrac{\lambda \mu_B^2 N}{\mu_0}} \qquad \text{und} \qquad \chi = \frac{M}{\mu_0 H} = \frac{\mu_B^2 N / \mu_0 k}{T - \dfrac{\lambda \mu_B^2 N}{\mu_0 k}}.$$

Mit $C = \frac{\mu_B^2 N}{\mu_0 k}$ und der paramagnetischen CURIE-Temperatur[1]) $T_{cp} = \frac{\lambda \mu_B^2 N}{\mu_0 k}$ erhält man auf diese Weise das CURIE-WEISS-Gesetz $\chi = \frac{C}{T - T_{cp}}$.

Da $\lambda = T_{cp}/C$ ist, kann man auch aus Messungen im paramagnetischen Bereich die Molekularfeldkonstante und das innere Feld bestimmen. Man erhält mit der früheren Abschätzung übereinstimmende Werte.

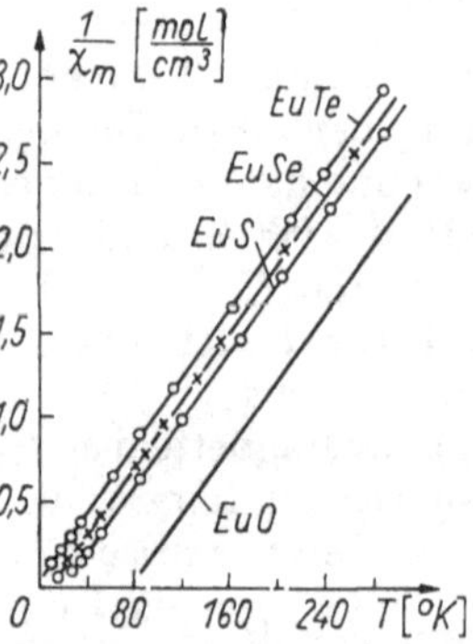

Abb. 8–10. Reziproke Molsuszeptibilität von Eu-Chalkogeniden im paramagnetischen Bereich. Die Geraden entsprechen dem CURIE-WEISS-Gesetz

Obwohl die Temperaturunabhängigkeit der spontanen Magnetisierung (Abb. 8–9) und der paramagnetischen Suszeptibilität (s. Abb. 8–10) befriedigend durch diese Theorie beschrieben werden, kann man Zweifel an der Existenz des hier postulierten enorm starken inneren Feldes H_i hegen. Tatsächlich wurde experimentell gezeigt, daß kein so starkes inneres Magnetfeld existiert (Versuch von DORFMAN, Abb. 8–11). Ein Elektronenstrahl durchsetzt eine bis zur Sättigung magnetisierte Nickelfolie.

[1]) T_{cp} ist etwas größer als T_{cf}.

Wäre H_i vorhanden, so müßte infolge der LORENTZ-Kraft eine starke Ablenkung des Strahls auftreten, die aber nicht beobachtet wird. Damit ist unmittelbar gezeigt, daß die Orientierung der magnetischen Momente durch nichtmagnetische Kräfte erfolgt.

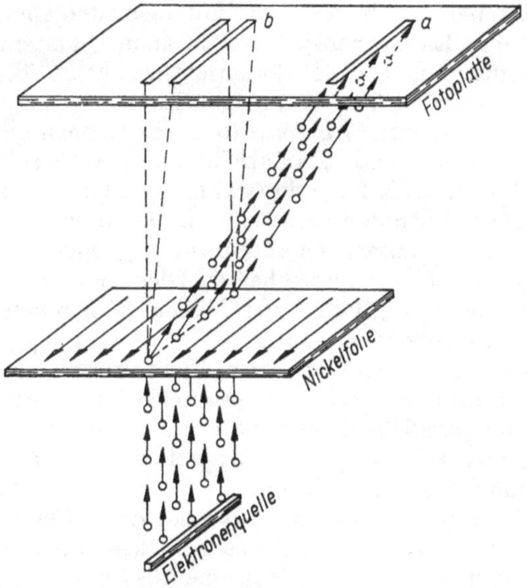

Abb. 8 – 11. Schema des Versuchs von DORFMAN
a) erwartete, b) gemessene Ablenkung der Elektronen

8.3.2. Heisenberg-Modell

Die für den Ferromagnetismus verantwortliche nichtmagnetische Wechselwirkung der magnetischen Momente läßt sich nur quantenmechanisch verstehen. Sie hat ihre Ursache darin, daß die elektrostatische Wechselwirkungsenergie zweier Elektronen von der Spinorientierung abhängt. Ein Beispiel dafür wurde bereits bei der Behandlung der homöopolaren Bindung (Abschnitt 1.3., Abb. 1—13) gegeben.

Wir wollen die Verhältnisse hier nur qualitativ diskutieren und betrachten dazu das Verhalten von 2 Elektronenspins in 3 Fällen:

a) *Je ein Elektron an zwei weit getrennten Atomen.* Da die Elektronen durch ihre Lage unterschieden sind, können ihre Elektronenzustände in allen Quantenzahlen übereinstimmen, ihre Spinorientierung ist beliebig. Dies entspricht dem Paramagnetismus.

b) *Zwei äquivalente Elektronen* (d. h. Elektronen mit gleicher Haupt- und Bahndrehimpulsquantenzahl) *am gleichen Atom.* Infolge des PAULI-Prinzips müssen sich die Elektronen dann entweder in der Orientierung des Bahndrehimpulses (Quantenzahl m_l) oder des Spins (Quantenzahl m_s) unterscheiden. Gleiches m_l entspricht einer gleichen „Bahn" der beiden Elektronen, d. h. hoher abstoßender COULOMB-Wechselwirkung. Daher sind im Grundzustand die m_l-Werte verschieden. Die verbleibende magnetische Wechselwirkung sorgt dann für die parallele Spinorientierung. (Auf diese Weise entstehen z. B. die großen magnetischen Momente der Atome der Seltenen Erden und der Übergangsmetalle.)

c) *Zwei äquivalente Elektronen an benachbarten Atomen.* Auch hier ist das PAULI-Prinzip zu berücksichtigen. Gegenüber dem Fall a) tritt jedoch eine Abstoßung der Atomkerne auf, die vermindert wird, wenn sich beide Elektronen zwischen den Kernen befinden. Dies ist jedoch ein räumlich symmetrischer Zustand, der gleichen m_l-Werten entspricht und deshalb antisymmetrische Spinorientierung erfordert (Spinabsättigung bei kovalenter Bindung, vgl. Abb. 1—13). Parallelorientierung der Spins tritt offenbar nur auf, wenn zwar die Überlappung der Elektronenwellenfunktionen für die Anwendung des PAULI-Prinzips ausreicht, aber die Abstoßungsenergie der Kerne relativ klein ist. Der wesentliche Parameter ist also das Verhältnis Abstand nächster Nachbarn r_{ab} zu Bahnradius r_0 des Elektrons (Tabelle 8—6).

Tabelle 8–6

Stoff	Cr	Mn	Fe	Co	Ni	Gd
r_{ab}/r_0	2,60	2,94	3,26	3,62	3,94	3,10
	nicht ferromagnetisch		ferromagnetisch			

Offenbar tritt bei $r_{ab}/r_0 > 3$ Ferromagnetismus auf. Der von der Spinorientierung abhängige Anteil der elektrostatischen Wechselwirkungsenergie der Spins wird als Austauschenergie bezeichnet und läßt sich in der Form

$$E^a = -2J\,\boldsymbol{S}_1\,\boldsymbol{S}_2$$

schreiben, hat also formal die gleiche Gestalt wie die magnetische Wechselwirkungsenergie, für die auch das Skalarprodukt der magnetischen Momente bzw. der Spins maßgebend ist. (Die Spins werden hier und im fol-

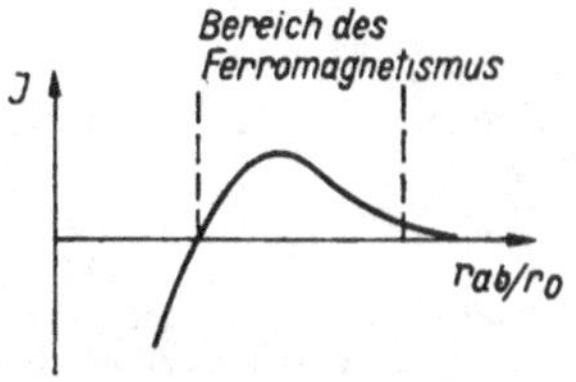

Abb. 8–12. Austauschintegral J als Funktion des Verhältnisses $\frac{r_{ab}}{r_0}$.

genden wie klassische Drehimpulse behandelt.) J heißt Austauschintegral und hängt stark vom Abstand der Spins ab (Abb. 8–12). Bei positivem J ist die Parallelstellung der Spins energetisch bevorzugt, es tritt Ferromagnetismus auf, während negatives J Antiparallelstellung, also Antiferromagnetismus bewirkt.

J läßt sich experimentell wie folgt ermitteln. Da J mit dem Abstand stark abnimmt, kann man sich auf die Wechselwirkung nächster Nachbarn beschränken. N Spins haben dann im ferromagnetischen Zustand eine Magnetisierung $M_s = 2\mu_B SN$ (g-Faktor = 2) und eine Energie $E^a = -2JzNS^2$ (z = Zahl der nächsten Nachbarn). Andererseits war im Rahmen der Molekularfeldtheorie die Energie durch $-2\mu_B SH_i = -2\mu_B NS\,\frac{\lambda M}{\mu_0}$ gegeben. Setzt man $\lambda = \frac{\mu_0 k T_{cf}}{N\mu_B^2}$ ein und vergleicht die beiden Energien, so ergibt sich $J = \frac{2}{z}\,kT_{cf}$ ($= \frac{1}{3}\,kT_{cf}$ für ein einfach kubisches Gitter). Bei Eisen liegt J in der Größenordnung von 0,030 eV.

8.3.3. Spinwellen

Bei $T = 0$ K führt die Austauschwechselwirkung im Fall $J > 0$ zu einer Parallelstellung aller Spins, die den Grundzustand mit der niedrigsten Energie darstellt.

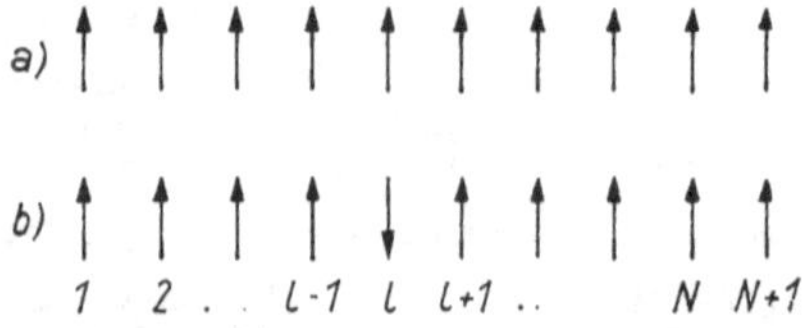

Abb. 8–13. Lineare Kette von N Spins a) Grundzustand (Energie $E^a(0)$) b) eine mögliche Anregung 1 Spin (Nr. b) umgeklappt (Energie $E^a(1)$)

Bei höheren Temperaturen treten auch angeregte Zustände auf. Wir untersuchen die Verhältnisse an einer linearen Kette aus N Elementarzellen und verwenden ebenso wie im Abschnitt 3.1 periodische Randbedingungen, d. h. der Spin $N + 1$ ist identisch mit dem Spin 1 (Abb. 8–13).

Die Energie des Grundzustandes ist offenbar, da nur die Wechselwirkung nächster Nachbarn berücksichtigt wird,

$$E^a(0) = -2J \frac{1}{2} \sum_{l=1}^{N} \boldsymbol{S}_l \cdot (\boldsymbol{S}_{l-1} + \boldsymbol{S}_{l+1}) = -2JNS^2.$$

(Der Faktor 1/2 berücksichtigt, daß in der Summe jeder Spin doppelt erfaßt wird.)

Ein möglicher angeregter Zustand ist offenbar der in Abb. 8—13b dargestellte: ein Spin umgeklappt. Dabei wechseln 2 Glieder in der Summe das Vorzeichen und es wird

$$E^a(1) = -2J\,(N-2)\,S^2 + 4J\,S^2 = E^a(0) + 8J\,S^2.$$

Da J in der Größenordnung von kT_{cf} liegt, beträgt die Anregungsenergie dieses Zustandes etwa 0,1 eV, d. h. derartige 1-Spin-Anregungen treten bei tiefen Temperaturen nicht auf.

Außer den 1-Spin-Anregungszuständen sind jedoch noch Anregungszustände möglich, bei denen alle Spins um kleine Beträge gegeneinander verkippt sind und phasenverschoben um die dem Grundzustand entsprechende Spineinrichtung präzidieren. Sie werden als Spinwellen (Abb. 8—14) bezeichnet und haben wesentlich kleinere Anregungsenergien, bestimmen also das magnetische Verhalten bei tiefen Temperaturen.

Die Berechnung der Dispersionsrelation für Spinwellen in einer linearen Kette geschieht wie folgt. Der Spin S_l steht in Wechselwirkung mit den Spins S_{l+1} und S_{l-1} und liefert einen Energiebeitrag $-2J\boldsymbol{S}_l\,(\boldsymbol{S}_{l-1} + \boldsymbol{S}_{l+1})$. Formal läßt sich das auch in der Form

$$-\mu H_i \quad \text{mit} \quad \mu = 2\mu_B \boldsymbol{S}_l \quad \text{und} \quad \boldsymbol{H}_i = \frac{J}{\mu_B}\,(\boldsymbol{S}_{l-1} + \boldsymbol{S}_{l+1})$$

schreiben, d. h. die Austauschwechselwirkung wird formal wieder durch ein inneres Feld ersetzt.

Damit ergibt sich die Bewegungsgleichung des Drehimpulses zu

$$\frac{\mathrm{d}(\hbar \boldsymbol{S}_l)}{\mathrm{d}t} = [\mu \times \boldsymbol{H}_i] = 2J[\boldsymbol{S}_l \times (\boldsymbol{S}_{l-1} + \boldsymbol{S}_{l+1})].$$

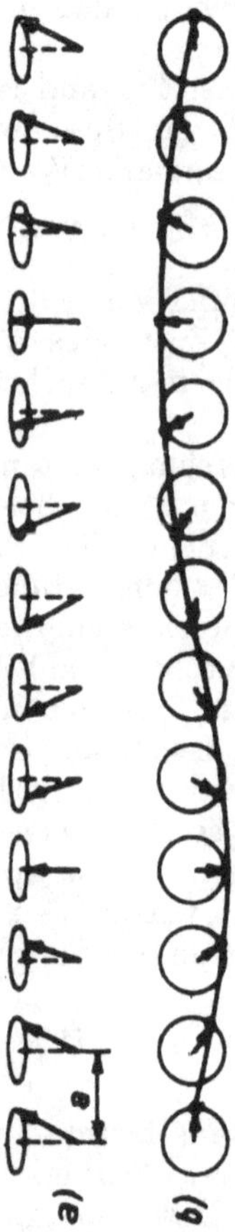

Abb. 8 – 14 Spinwelle in einer Kette von Spins. (a) Perspektivische Darstellung (b) Spins von oben gesehen; eine Wellenlänge ist eingezeichnet, die Wellenlinie läuft durch die Spitzen der Spinvektoren.

(Das Feld $\vec{H}_l$ ubt auf den mit $\vec{\mu}$ verknüpften Drehimpuls $\hbar\vec{S}_l$ das Drehmoment $[\vec{\mu} \times \vec{H}_l]$ aus.)

Diese Gleichung ist nicht linear. Da wir uns aber für Zustände geringer Energie, d. h. geringer Verkippung aus dem Grundzustand, interessieren, setzen wir die Spinkomponenten S^x, S^y senkrecht zur Spinrichtung des Grundzustandes (= z-Richtung) als klein gegen S^z voraus und erhalten in dieser sog. linearen Spinwellennäherung

$$\frac{\mathrm{d}S_l^x}{\mathrm{d}t} = \left(\frac{2JS}{\hbar}\right)[2S_l^y - S_{l-1}^y - S_{l+1}^y],$$

$$\frac{\mathrm{d}S_l^y}{\mathrm{d}t} = -\left(\frac{2JS}{\hbar}\right)[2S_l^x - S_{l-1}^x - S_{l+1}^x],$$

$$\frac{\mathrm{d}S_l^z}{\mathrm{d}t} = 0.$$

Mit dem Ansatz fortschreitender Wellen

$$S_l^x = \mathrm{u} \exp i(lka - \omega t),$$

$$S_l^y = v \exp i(lka - \omega t),$$

$$S_l^z = \mathrm{const}$$

ergibt sich für die Amplituden u, v

$$-i\omega u = \left(\frac{2JS}{\hbar}\right)(2 - \mathrm{e}^{-ika} - \mathrm{e}^{ika})v$$

$$= \left(\frac{4JS}{\hbar}\right)(1 - \cos ka)v,$$

$$-i\omega v = -\left(\frac{2JS}{\hbar}\right)(2 - \mathrm{e}^{-ika} - \mathrm{e}^{ika})u$$

$$= -\left(\frac{4JS}{\hbar}\right)(1 - \cos ka)u.$$

Dieses homogene Gleichungssystem für u und v ist nur bei verschwindender Determinante nichttrivial lösbar:

$$\begin{vmatrix} i\omega & \frac{4JS}{\hbar}(1-\cos ka) \\ -\frac{4JS}{\hbar}(1-\cos ka) & i\omega \end{vmatrix} = 0.$$

Die Lösung lautet $\hbar\omega_k = 4JS(1-\cos ka)$.

Analog zu den Gitterschwingungen sind also auch Spinwellen quantisiert, ihre Energie kann sich nur in ganzzahligen Vielfachen von $\hbar\omega_k$ ändern. Die entsprechenden Quanten bezeichnet man als Magnonen. Abb. 8–15 zeigt ihre Dispersionsrelation. Wegen der periodischen Randbedingungen kann k ebenso wie bei den Gitterschwingungen bzw. den Elektronenzuständen nur die Werte $\pm \frac{\pi}{a}\frac{\nu}{N}$ $(= 1, 2, \ldots, N-1)$ annehmen, variiert also innerhalb der 1. BRILLOUIN-Zone.

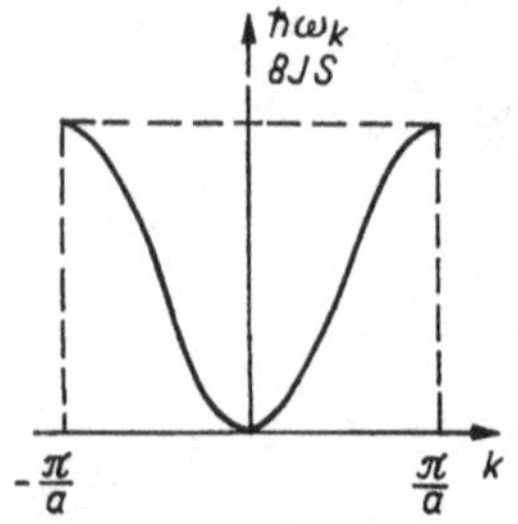

Abb. 8–15. Dispersionskurve einer linearen ferromagnetischen Spinkette

Für kleine k wird $\hbar\omega_k \approx 2JSa^2k^2$, d. h. die Anregungsenergie von Spinwellen genügend großer Wellenlänge ($k \ll \pi/a$) ist viel kleiner als die Energie, die zum Umklappen eines einzelnen Spins benötigt wird.

Setzt man den Wert für $\hbar\omega_k$ in das Gleichungssystem für u und v ein, so erhält man $|u| = |v| = S^{\perp}$, d. h. eine Präzession der Spins auf einem Kreiskegel (Abb. 8–14).

Benachbarte Spins präzedieren phasenverschoben. Der Winkel σ zwischen ihnen ergibt sich durch Bildung des Skalarprodukts der Vektoren $\boldsymbol{S}_l$ und $\boldsymbol{S}_{l+1}$ zu

$$\cos\sigma = 1 - \left(\frac{S^\perp}{S}\right)^2 (1 - \cos ka).$$

Da die Austauschenergie vom Skalarprodukt benachbarter Spins abhängt, wird bei Vorhandensein einer Spinwelle

$$E^a = -2JNS^2\cos\sigma = E^a(0) + 2JN(S^\perp)^2(1 - \cos ka)$$
$$= E^a(0) + \frac{1}{2}\frac{(S^\perp)^2}{S} N\hbar\omega_k.$$

Da sich E^a um Einheiten von $\hbar\omega_k$ ändert, gibt $n_k = \frac{N}{2}\frac{(S^\perp)^2}{S}$ die Zahl der angeregten Magnonen an, die also durch die Amplitude der Spinwelle bestimmt wird.

Parallel zur Energieerhöhung bei Magnonenanregung geht eine Erniedrigung der Magnetisierung, da nur noch die Komponente S_z dazu beiträgt (die dazu senkrechten Komponenten mitteln sich heraus). Damit wird

$$M = 2\mu_B N S^z = 2\mu_B N\sqrt{S^2 - (S^\perp)^2} \approx 2\mu_B N S\left[1 - \left(\frac{S^\perp}{S}\right)^2\right]$$

bzw.

$$M = M(0) - 2\mu_B n_k,$$

d. h. jedes angeregte Magnon vermindert die Magnetisierung um $2\mu_B$ (und dementsprechend den Spin um $1\hbar$).

8.3.4. Experimenteller Nachweis von Magnonen

Indirekt äußert sich die Anregung von Magnonen in der Temperaturabhängigkeit der Magnetisierung und der spezifischen Wärme ferromagnetischer Stoffe.

Zur Berechnung dieser Größen ist es erforderlich, die Magnonen-Zustandsdichte $Z_m(\omega)\,\mathrm{d}\omega$ (Zahl der Zustände im Frequenzintervall zwischen ω und $\omega + \mathrm{d}\omega$) zu kennen. Ausgangspunkt ist die Dispersionsrelation. Für ein einfach kubisches Gitter gilt für kleine Wellenzahlvektoren $\boldsymbol{k}$ ebenso wie für die lineare Kette

$$\hbar\,\omega_k = 2JSa^2k^2\,.$$

Energie und Magnetisierung ergeben sich zu

$$E^a = -6N^3JS + \sum_{\boldsymbol{k}} n_{\boldsymbol{k}}\hbar\,\omega_{\boldsymbol{k}} \quad \text{und} \quad M = 2\mu_B\Big(N^3S - \sum_{\boldsymbol{k}} n_{\boldsymbol{k}}\Big)\,.$$

(Der Faktor 6 in dem $n_{\boldsymbol{k}}$-unabhängigen Glied der Energie entspricht den 6 nächsten Nachbarn, N^3 ist die Zahl der Elementarzellen im Grundgebiet.)

Analog zur Berechnung der elektronischen Zustandsdichte (vgl. Abschnitt 5.3) ist die Zustandsdichte im $\boldsymbol{k}$-Raum konstant gleich $N^3\Big/\left(\dfrac{2\pi}{a}\right)^3$, wenn a die Gitterkonstante ist. Damit wird $Z_m(k)\,\mathrm{d}k = \dfrac{N^3a^3}{8\pi^3}\,4\pi\,k^2\,\mathrm{d}k$ bzw. mit $k = \sqrt{\dfrac{\hbar\,\omega_k}{2JSa^2}}$

$$Z_m(\omega)\,\mathrm{d}\omega = Z_m(k)\,\frac{\mathrm{d}k}{\mathrm{d}\omega}\,\mathrm{d}\omega = \frac{N^3}{4\pi^2}\left(\frac{\hbar}{2JS}\right)^{3/2}\,\omega^{+1/2}\mathrm{d}\,\omega\,.$$

Betrachtet man ω als kontinuierliche Variable (was bei genügend großem N^3 gerechtfertigt ist), so läßt sich die Summe über die angeregten Magnonen durch ein Integral ersetzen. Da ein Zustand der Energie $\hbar\,\omega$ mit der Wahrscheinlichkeit $\dfrac{1}{\exp(\hbar\,\omega)/k_BT) - 1}$ besetzt ist[1]) (Magnonen gehorchen der Bose-Einstein-Statistik),

---

[1]) Die Boltzmann-Konstante wird hier mit k_B bezeichnet.

ergibt sich fur die Magnetisierung

$$M(T) = 2\mu_B N^3 S - 2\mu_B \int_0^\infty \frac{Z(\omega)\,\mathrm{d}\omega}{\exp(\hbar\omega/k_B T) - 1}$$

$$= 2\mu_B N^3 S - \frac{2\mu_B N^3}{4\pi^2}\left(\frac{k_B T}{2JS}\right)^{3/2} \int_0^\infty \frac{\sqrt{x}\,\mathrm{d}x}{\mathrm{e}^x - 1}.$$

Das x-Integral hat den Wert $0{,}0587 \cdot 4\pi^2$, woraus sich

$$M(0) - M(T) = 0{,}117\,\mu_B \left(\frac{N k_B T}{2JS}\right)^{3/2}$$

(Blochsches $T^{3/2}$-Gesetz)

ergibt. Eine solche Abhängigkeit wurde bei tiefen Temperaturen tatsächlich gefunden.

Analog erhält man den Magnonen-Beitrag zur inneren Energie zu

$$E_m = \int_0^\infty \frac{\hbar\omega\, Z(\omega)\,\mathrm{d}\omega}{\exp(\hbar\omega/k_B T) - 1} = \frac{N^3}{4\pi^2}\,\frac{(k_B T)^{3/2}}{(2JS)^{5/2}} \int_0^\infty \frac{x^{3/2}\,\mathrm{d}x}{\mathrm{e}^x - 1}.$$

Das Integral hat den Wert 1,783. Durch Differentiation nach der Temperatur ergibt sich daraus der Beitrag der Magnonen zur spezifischen Wärme zu

$$C_v^m = \frac{\mathrm{d}E_m}{\mathrm{d}T} = 1{,}783\,\frac{5N^3 k_B}{8\pi^2}\left(\frac{k_B T}{2JS}\right)^{3/2} = a T^{3/2}.$$

Da der Phononenanteil bei tiefen Temperaturen proportional zu T^3 ist, gilt $C_v = a \cdot T^{3/2} + bT^3$, d. h. bei der Auftragung $C_v/T^{3/2}$ als Funktion von $T^{3/2}$ muß sich eine Gerade ergeben. Abb. 8—16 zeigt am Beispiel ferrimagnetischer Stoffe (für die die gleiche Abhängigkeit gilt), daß dies tatsächlich der Fall ist.

Als direkte Nachweismethoden für Magnonen lassen sich die gleichen Verfahren wie die zum Nachweis von Phononen heranziehen, also Lichtstreuung (Brillouin-Streuung, vgl. Abschn. 3.4.2), Überlagerungvon Magnonen

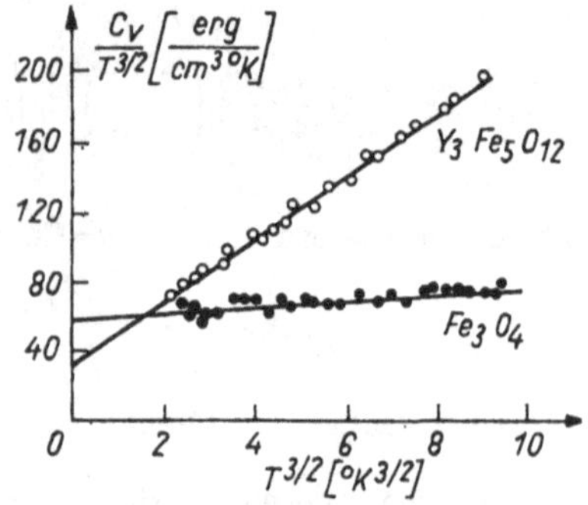

Abb. 8–16. Phononen- und Magnonenwärme Fe_3O_4 und Yttrium-Eisen-Granat $Y_3Fe_5O_{12}$

über elektronische Übergänge (analog zu den indirekten Elektronenübergängen, vgl. Abschnitt 6.2.1) und unelastische Neutronenstreuung (vgl. Abschnitt 3.4.3). Abb. 8–17 zeigt als Beispiel die mittels n-Streuung ermittelte Magnonen-Dispersionskurve einer Co-Ni-Legierung.

Eine spezifische Nachweismethodik ist die Resonanzabsorption durch Anregung stehender Spinwellen in dünnen Schichten. Stehende Wellen existieren nur, wenn ein ganzzahliges Vielfaches einer halben Wellenlänge „in die Schicht paßt" (Abb. 8–18a), d. h. es ist $m\frac{\lambda}{2} = d$ bzw. $k = m\pi/d$ $(m = 0, 1, 2, \ldots)$. Diesen Wellenlängen entsprechen Magnonenenergien von

$$\hbar\,\omega_m = 2\mu_B\left(H - \frac{M_s}{\mu_0}\right) + 2\pi^2 J S\left(\frac{a}{d}\right)^2 m^2,$$

wobei das im vorhergehenden Abschnitt nicht berücksichtigte Glied $2\mu_B H_i = 2\mu_B \left(H - \frac{M_s}{\mu_B}\right)$ (H_i = inneres Feld) dem magnetischen Anteil der Energie der gleich-

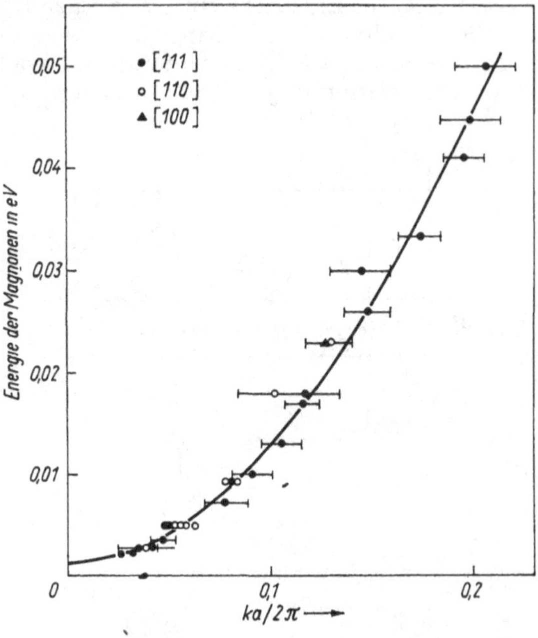

Abb. 8 – 17. Magnonenspektrum einer Kobalt-Eisen-Legierung in der Nähe von $i = 0$: Meßpunkte sind mittels Neutronenstreuung ermittelt; die ausgezogene Kurve ist eine quadratische Parabel.

förmigen Präzession entspricht, wenn H senkrecht zur Schichtebene liegt ($g = 2$ für reinen Spinmagnetismus). Der Nachweis der stehenden Wellen erfolgt, indem man die Schicht gleichzeitig in ein hochfrequentes magnetisches Wechselfeld der festen Frequenz ω und in ein statisches Magnetfeld H bringt. Resonanzabsorption tritt ein, wenn $\omega = \omega_m$ ist, d. h. bei einem Feld der Größe

$$H = \frac{\hbar\omega}{2\mu_B} - \frac{\pi^2 J S}{\mu_B}\left(\frac{a}{d}\right)^2 m^2 = H_0 - \frac{\pi^2 J S}{\mu_B}\left(\frac{a}{d}\right)^2 m^2,$$

Abb. 8—18b zeigt die Ergebnisse eines derartigen Experiments. Die quadratische Abhängigkeit der Größe $(H_0 - H_m)$ von m (Abb. 8—18c) bestätigt die quadratische Dispersionsrelation langwelliger Magnonen.

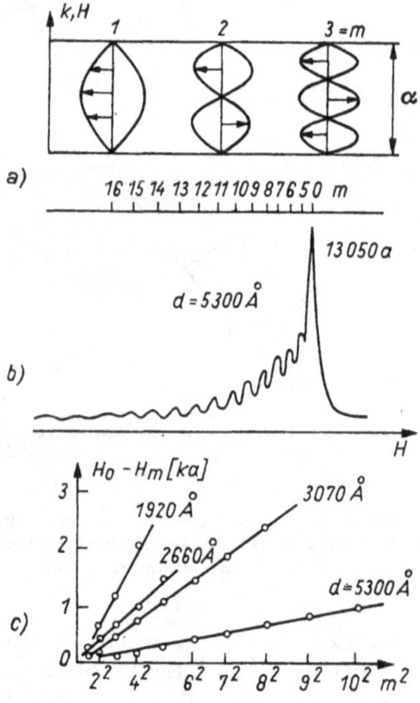

Abb. 8—18. Spinwellen in einer dünnen Permallog-Schicht.
a) Wellenformen, schematisch b) Resonanzspektrum $m = 0$ entspricht der gleichförmigen Präzession der Spins ($\lambda = \infty$). c) Resonanzfeldstärke als Funktion der Ordnungszahl m.

8.3.5. Antiferromagnetismus

Bei einem negativen Wert des Austauschintegrals J erfolgt bevorzugt antiparallele Spinorientierung, die zu einer antiferromagnetischen Ordnung bei tiefen Temperaturen führt (vgl. Abb. 8–6).

Magnetisierung und Suszeptibilität bei dieser Spinordnung sollen hier im Rahmen der Molekularfeldtheorie diskutiert werden. Wir fassen dazu den antiferromagnetischen Kristall als zwei ineinandergestellte Untergitter A und B auf und berücksichtigen Wechselwirkungen zwischen nächsten ($A-B$) und übernächsten ($A-A$ bzw. $B-B$) Nachbarn. Dann ist das innere Feld am Ort des A- bzw. B-Ions durch

$$H_A{}^i = H + \frac{\alpha_{AA} M_A}{\mu_0} + \frac{\alpha_{AB} M_B}{\mu_0},$$

$$H_B{}^i = H + \frac{\alpha_{BB} M_B}{\mu_0} + \frac{\alpha_{BA} M_A}{\mu_0}$$

gegeben. Da beide Untergitter gleich sind (wir nehmen nur eine Sorte magnetischer Ionen an), sind die Molekularfeldkonstanten α_{AA} und α_{BB} bzw. α_{AB} und α_{BA} gleich und wegen der antiferromagnetischen Wechselwirkung negativ: $\alpha_{AB} = \alpha_{BA} = -\beta$, $\alpha_{AA} = \alpha_{BB} = -\alpha$ (α, $\beta > 0$)

Die Berechnung der spontanen Magnetisierung bzw. der Suszeptibilität erfolgt analog Abschnitt 8.3.1.

Bei hohen Temperaturen tritt keine Ordnung auf. Für die Magnetisierungen M_A bzw. M_B der Untergitter gilt das Curie-Gesetz

$$M_{A,B} = \frac{N}{2} \frac{\mu_B{}^2 g^2 S(S+1)}{3kT} H^i_{A,B}$$

bzw.

$$M = M_A + M_B = \frac{N \mu_B{}^2 g^2 S(S+1)}{3kT} [2H - (\alpha + \beta) M].$$

M und H sind parallel zueinander, daher folgt für die Suszeptibilität

$$\chi = \frac{M}{\mu_0 H} = \frac{N \mu_B{}^2 g^2 S(S+1)/3k\mu_0}{T + N\mu_B{}^2 g^2 S(S+1)(\alpha+\beta)/3k} = \frac{C}{T+\Theta},$$

d. h. ein CURIE-WEISS-Gesetz mit negativer CURIE-Temperatur Θ (siehe Abb. 8–19).

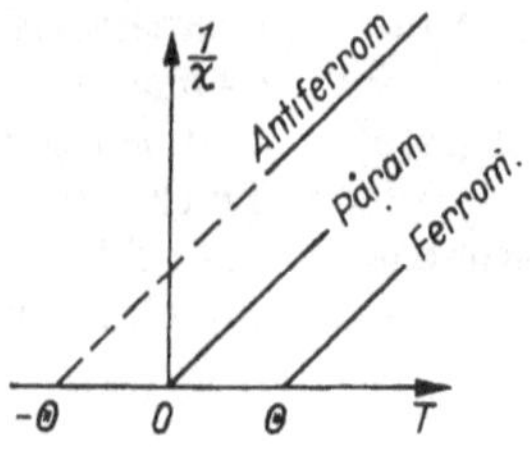

Abb. 8 - 19. Reziproke Suszeptibilität über der Temperatur für para, ferro- und antiferromagnetische Stoffe (schematisch)

Für ein verschwindendes Magnetfeld und tiefe Temperaturen wird aus Symmetriegründen $M_A = -M_B$ und $H_A{}^i = -H_B{}^i$, d. h. die spontane Magnetisierung verschwindet.

Für jedes Untergitter allein gilt jedoch

$$H^i_{A,B} = -\frac{(\alpha-\beta)}{\mu_0} M_{A,B}.$$

Diese Gleichung ergibt sich aus der entsprechenden für ferromagnetische Wechselwirkung, wenn man die ferromagnetische Molekularfeldkonstante λ durch $(\beta - \alpha)$ ersetzt. Berücksichtigt man, daß ein Untergitter nur N/2 Atome enthält, so erhält man hier eine kritische Temperatur (NEEL-Temperatur)

$$T_N = \frac{(\beta-\alpha) N\mu_B{}^2 g^2 S(S+1)}{6\mu_0 k} = \frac{1}{2}(\beta-\alpha)C,$$

oberhalb dieser die spontane Magnetisierung der Untergitter zusammenbricht, also ein Paramagnetikum vorliegt.

Für die Berechnung der Suszeptibilität im geordneten (antiferromagnetischen) Zustand ist die Richtung zwischen der Magnetisierung der Untergitter und dem angelegten Feld wichtig. Die Rechnungen sind etwas langwierig, man erhält insbesondere $\chi_\perp \doteq 1/\beta$ unabhängig

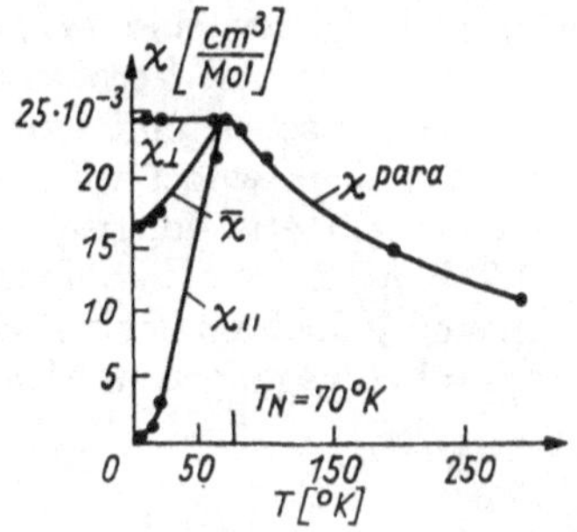

Abb. 8 – 20. Suszeptibilität von antiferromagnetischen $MnF_2(T_N = 70$ K) $\bar{\chi} = {}^1/_3\,(\chi_\parallel + 2\chi_\perp)$ ist die mittlere Suszeptibilität des Pulvers.

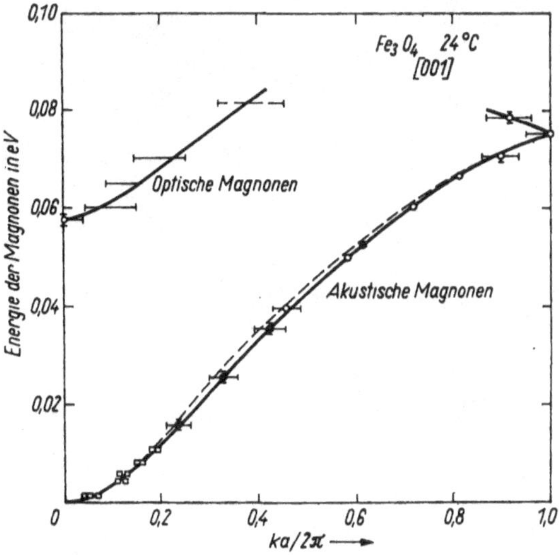

Abb. 8 – 21. Akustische und optische Magnonenzweige des ferrimagnetischen Magnetits Fe_3O_4, gemessen mittels unelastischer Neutronenstreuung.

von der Temperatur, während $\chi_{\|}$ mit wachsender Temperatur zunimmt und bei T_N ebenfalls den Wert $1/\beta$ erreicht (Abb. 8–20).

Ähnliche Überlegungen kann man anstellen, wenn die beiden Untergitter nicht gleich sind ($\alpha_{AA} \neq \alpha_{BB}$). Man erhält dann sog. ferrimagnetisches Verhalten.

Auch in antiferromagnetischen und ferrimagnetischen Stoffen existieren Spinwellen, wobei analog zu den Phononen in mehratomigen Gittern akustische und optische Magnonenzweige (Abb. 8–21) existieren. Die diesbezüglichen Rechnungen sind jedoch relativ verwickelt, so daß hier nicht näher darauf eingegangen werden kann.

Literaturverzeichnis

Lehrbücher der Quantenmechanik (als Grundlage):

A. S. Dawydow, Quantenmechanik, VEB Dt. Verlag der Wiss. Berlin 1967.

L. D. Landau, E. M. Lifschitz, Lehrbuch der theoretischen Physik, Bd. III. Quantenmechanik, Akademie-Verlag, Berlin 1967.

Festkörperphysik allgemein:

Ch. Kittel, Einführung in die Festkörperphysik, R. Oldenburg, München 1968.

Ch. Kittel, Quantentheorie der Festkörper, R. Oldenburg, München 1970.

K. H. Hellwege, Einführung in die Festkörperphysik I und II, Springer-Verlag 1968 und 1970.

A. Haug, Theoretische Festkörperphysik I und II, Franz Deuticke, Wien 1964 und 1970.

F. Hund, Theorie des Aufbaus der Materie, B. G. Teubner, Stuttgart 1961.

W. Ludwig, Festkörperphysik I und II, Akadem. Verlagsgesellschaft, Frankfurt/M. 1970.

R. A. Levy, Principles of Solid State Physics, Academic Press, 1968.

R. A. Smith, Wave Mechanics of Crystalline Solids, Chapman and Hall, London 1969.

R. W. Anderson, Concepts in Solids, W. A. Benjamin, New York/Amsterdam 1964.

Periodica:

H. Ehrenreich, F. Seitz, D. Turnbull (ed.), Solid State Physics Bde 1–23 ff. und Ergänzungsbde 1–9ff. (1955 bis 1971ff) Academic Press, New York.

F. Sauter (Herausgeber), Festkörperprobleme Bde. 1–11ff. (1962–1971ff.) Fr. Vieweg und Sohn GmbH, Braunschweig.

Spezialgebiete:

S. Wang, Solid State Electronics, Mc Graw-Hill, 1966.

G. E. R. Schulze, Metallphysik, Akademie-Verlag, Berlin 1967.

W. Kleber, Einführung in die Kristallographie, Akademie-Verlag, Berlin 1965.

W. Kleber, K. Meyer, W. Schoenborn, Einführung in die Kristallphysik, Akademie-Verlag, Berlin 1968.

D. Greenaway, G. Harbeke, Optical Properties and Band Structure of Semiconductors, London 1968.

O. Madelung, Grundlagen der Halbleiterphysik, Springer-Verlag, 1970.

Sachverzeichnis

Der Autor

- **legt die wesentlichsten Grundlagen der Festkörperphysik dar**

- **erläutert dabei Berechnungsmethoden für die makroskopischen Eigenschaften kristalliner Festkörper**

- **macht dies aus dem atomaren Aufbau heraus verständlich**

- **führt die Überlegungen anhand einfacher Modelle durch**

WISSENSCHAFTLICHE TASCHENBÜCHER

Kolibri 360 GmbH
Ferdinand-Jühlke-Straße 7
99095 Erfurt, Deutschland
produktsicherheit@kolibri360.de